機械工学基礎課程

流体力学

冨山 明男 [編]

梶島 岳夫
加藤 健司
宋 明良
高比良裕之
林 公祐
細川 茂雄 [著]

朝倉書店

執　筆　者（※は編者）

冨山明男※　神戸大学大学院工学研究科
とみ やま あき お

梶島岳夫　大阪大学大学院工学研究科
かじ しま たけ お

加藤健司　大阪市立大学大学院工学研究科
か とう けん じ

宋　明良　神戸大学大学院海事科学研究科
そう あき ら

高比良裕之　大阪府立大学大学院工学研究科
たか ひ ら ひろゆき

林　公祐　神戸大学大学院工学研究科
はやし こう すけ

細川茂雄　神戸大学大学院工学研究科
ほそ かわ しげ お

ま え が き

　本書は，流体力学という書名ではあるが，機械工学科で学ぶ必須の2科目，流体工学と流体力学，の基本的内容をすべて含む教科書である．流体工学は1章から7章に，流体力学は8章から11章にまとめられている．各章の執筆者は，大阪大学，神戸大学，大阪府立大学，大阪市立大学で流体工学ないしは流体力学の講義を長年担当してきた教員であり，豊富な講義経験をもとに基礎的内容から発展的内容までをコンパクトに解説している．本文は150頁程度と少ない紙数であるが，エネルギー散逸，複合管路，流体機械，水面波，音波，圧縮性流れまで含めており，境界層と乱流に関しても流体工学的視点と流体力学的視点の両方から学べる形となっている．このため，読者は本書一冊で流体力学の実学的知識と数理物理学的知識を学習できる．理解を確認するための章末演習問題も解答とともに含めてあるので，初学者は是非取り組んでいただきたい．

　流体力学の基礎方程式は，直交座標系の各方向成分による表示，ベクトル形式での表示，テンソル形式での表示などいろいろな形で表示されるため，初学者は戸惑うことが多い．どのような形式で表示されても，基礎方程式の物理的意味が理解できることが望ましいので，本書ではあえて表示法の選択は執筆者に一任し，説明に最適な表示形式を自由に使用していただいた．3種の表示法の関係は付録に整理してあるので，どのような表示形式でも流体工学・流体力学の課題に取り組めるようになっていただきたい．流体力学が不得手の学生の多くは，基礎方程式の複雑さに翻弄されているように思える．物体の運動量は外力によって変化するという力学の基本さえ押さえていれば，流体の基礎方程式を理解するのは極めて容易である．流体に作用する外力は，たかだか重力・圧力勾配による力・粘性による力の3種であり，この合力によって流体の運動量が変化するだけである．これを念頭に置いて，本書で繰り返し現れる様々な表示形式の運動量保存式や運動方程式を理解していただきたい．本書の内容を理解できれば，より高度な流体工学，流体力学関連の専門書も容易に読破できると思う．

　最後に，本書の出版にあたりお世話になりました朝倉書店編集部の方々にお礼申し上げます．

　2020年2月

　　　　　　　　　　　　　　　　　　　　　　　　編 者　冨山明男

目　　次

1. 流体の基本的性質 ··· （宋　明良）···· 1
　1.1　密度，比体積 ··· 1
　1.2　圧　　　力 ·· 2
　1.3　粘　　　性 ·· 4
　1.4　静 水 力 学 ·· 5
　1.5　【発展】浮体の安定性 ··· 7
　演 習 問 題 ·· 8

2. 質量・エネルギーの保存 ······································· （細川茂雄）···· 9
　2.1　流れの記述法 ··· 9
　2.2　ラグランジュの方法 ·· 10
　2.3　定常流と非定常流 ··· 11
　2.4　流線，流管，流跡線，流脈線 ·· 11
　2.5　体積流量，質量流量 ·· 12
　2.6　流管における質量保存 ··· 13
　2.7　流管におけるエネルギー保存とベルヌーイの式 ····································· 13
　2.8　ベルヌーイの式と内部エネルギー ··· 15
　2.9　トリチェリの定理 ··· 16
　2.10　サイフォン ··· 16
　2.11　圧力計測法 ··· 17
　2.12　速度・流量計測法 ·· 18
　演 習 問 題 ·· 19

3. 一方向流れの運動量保存 ······································· （林　公祐）···· 21
　3.1　運動量保存の考え方 ·· 21

3.2　円管内流れにおける力のつりあい ……………………………… 22

3.3　円管内流れの層流速度分布 ………………………………………… 24

3.4　平行平板間層流 ……………………………………………………… 26

3.5　【発展】エネルギー散逸率 ………………………………………… 27

演　習　問　題 …………………………………………………………… 28

4. 色々な流れ ……………………………………… (高比良裕之)… 30

4.1　流体運動の特徴 ……………………………………………………… 30

4.2　完全流体と粘性流体（実在流体）………………………………… 31

4.3　層流と乱流 …………………………………………………………… 35

4.4　【発展】自由界面での境界条件 …………………………………… 38

演　習　問　題 …………………………………………………………… 39

5. 管路における圧力損失 ………………………………… (林　公祐)… 40

5.1　ダルシー–ワイスバッハの式 ……………………………………… 40

5.2　層流と乱流の摩擦損失 ……………………………………………… 41

5.3　局所圧力損失 ………………………………………………………… 44

　　5.3.1　拡大と縮小　44

　　5.3.2　入口と出口　46

　　5.3.3　ベンドとエルボ　47

　　5.3.4　弁　48

　　5.3.5　分岐と合流　48

5.4　【発展】複合管路 …………………………………………………… 49

演　習　問　題 …………………………………………………………… 50

6. 運動量の法則 …………………………………………… (梶島岳夫)… 52

6.1　運動量の法則 ………………………………………………………… 52

6.2　噴流（ジェット）…………………………………………………… 55

6.3　角運動量の法則 ……………………………………………………… 58

6.4　【発展】流体機械概論 ……………………………………………… 61

　　6.4.1　風車とファン　62

　　6.4.2　遠心羽根車　64

　　演 習 問 題 ……………………………………………………………… 66

7. 物体まわりの流れと物体に作用する力 ………………（細川茂雄）…… 68
　7.1　境　界　層 …………………………………………………………… 68
　7.2　凸曲面に沿う流れ ………………………………………………… 71
　7.3　抗　　　　力 …………………………………………………………… 71
　7.4　揚　　　　力 …………………………………………………………… 74
　7.5　【発展】揚力と循環 ………………………………………………… 75
　　演 習 問 題 ……………………………………………………………… 76

8. 非粘性流れの基礎方程式 …………………………………（加藤健司）…… 78
　8.1　連続の式（質量保存式）…………………………………………… 78
　8.2　完全流体（非粘性流体）の運動方程式 ………………………… 81
　8.3　【発展】ベルヌーイの式の導出 ………………………………… 86
　　演 習 問 題 ……………………………………………………………… 87

9. ポテンシャル流れ ……………………………………………（加藤健司）…… 89
　9.1　変形と回転運動 ……………………………………………………… 89
　9.2　ポテンシャル流れ …………………………………………………… 91
　9.3　流線と流れの関数 …………………………………………………… 92
　9.4　複素速度ポテンシャル ……………………………………………… 93
　9.5　単純な流れとその重ね合わせ・物体まわりの流れ …………… 95
　　　9.5.1　単純な流れ　　95
　　　9.5.2　物体まわりの流れ　　98
　9.6　【発展】一般化されたベルヌーイの式 ………………………… 100
　9.7　【発展】水面波 ……………………………………………………… 101
　　演 習 問 題 ……………………………………………………………… 104

10. 非圧縮粘性流れ ……………………………………………（梶島岳夫）…… 105
　10.1　ニュートン流体の変形と応力 ………………………………… 105
　10.2　ナビエ-ストークスの運動方程式 ……………………………… 108
　10.3　方程式の無次元化と無次元数 ………………………………… 110

10.4 ナビエ–ストークス方程式の厳密解の例 ……………………………………… 111
　10.4.1 定常流れ　111
　10.4.2 非定常流れ　112
10.5 ストークス近似 ………………………………………………………………… 114
10.6 境界層理論 ……………………………………………………………………… 115
　10.6.1 境界層近似式　116
　10.6.2 平板境界層　117
10.7 【発展】境界層の積分方程式 ………………………………………………… 118
10.8 乱　　　流 ……………………………………………………………………… 120
　10.8.1 レイノルズ平均と乱流応力　120
　10.8.2 渦　粘　性　122
　10.8.3 乱流境界層の速度分布　124
10.9 【発展】エネルギー散逸 ……………………………………………………… 126
演 習 問 題 ……………………………………………………………………………… 127

11. 圧 縮 性 流 れ ………………………………………（高比良裕之）…… 129
11.1 非圧縮性の仮定 ………………………………………………………………… 129
11.2 音 の 伝 播 ……………………………………………………………………… 131
11.3 エネルギーの式 ………………………………………………………………… 133
11.4 等エントロピー流れ …………………………………………………………… 134
11.5 縮小拡大管流れ ………………………………………………………………… 135
11.6 衝　撃　波 ……………………………………………………………………… 137
11.7 圧縮性流れとピトー管 ………………………………………………………… 139
演 習 問 題 ……………………………………………………………………………… 141

付録　数学的補遺 …………………………………………（冨山明男）…… 142
　A. ベクトルとテンソルの表記法と３種の積 ………………………………… 142
　B. 勾配・発散・回転 …………………………………………………………… 144
　C. ガウスの発散定理・ストークスの定理 ………………………………… 146

演 習 問 題 解 答 …………………………………………………………………… 148
索　　　引 …………………………………………………………………………… 161

Chapter 1

流体の基本的性質

流体は，力を受けると容易に変形し，流動する性質をもつ．**流体力学**は，流体の質量，運動量，エネルギー，流速，圧力などの状態や特性に関する力学である．流体力学と，固体の変形などを扱う材料力学を総称して，**連続体力学**と呼ぶ．連続体力学では，分子一つ一つの微視的な挙動を問題にするのではなく，密度や圧力などの巨視的な観測量が定義できる系，すなわち連続体を対象とする．一例として管内の気体の流れを考える．巨視的な観測量として，例えばある位置での気体の速度を計測する場合，通常数多くの分子の平均的な速度が観測される．衝撃波問題などの特殊な場合を除くと，速度は位置と時間に関して滑らかな連続関数で表され，微分が可能である．巨視的な物理量が定義できるような多くの分子を含み，かつその領域では密度，圧力，速度などが一定の値をもつ微小な領域を**流体粒子**と呼ぶ．真空に近く分子が希薄なときには，分散して存在する分子の効果を考慮しなければならない．分子の効果を考慮せず，流体を連続体力学として扱えるか否かを判断する指標として，次式で定義される**クヌッセン数**（Knudsen number）が用いられる．

$$\mathrm{Kn} = \frac{l}{L} \tag{1.1}$$

ここで，l は気体分子の平均自由行程で，微視的スケールの代表値である．また，L は対象とする流れ系の代表的な長さである．例えば，気体の場合，$\mathrm{Kn} < 1/5$ であれば，連続体とみなしてよい．

本章では，密度，粘度などの流体の基本的な性質と，静止した流体に関する静水力学の基礎を学ぶ．

1.1 密 度，比 体 積

密度とは，単位体積当りの流体の質量である．通常は国際単位系（SI 単位と呼

ぶ）を用いるため，$1\,\mathrm{m}^3$ の流体の質量となり，$\mathrm{kg/m}^3$ の単位をもつ．記号 $\rho\,[\mathrm{kg/m}^3]$ で表されることが多い．密度の逆数は，単位質量当りの流体の**体積**となり，**比体積**または**比容積**と呼ばれ，記号 $v\,[\mathrm{m}^3/\mathrm{kg}]$ で表されることが多い．密度 ρ と比体積 v の間には次の関係がある．

$$\rho = \frac{1}{v} \tag{1.2}$$

表 1.1 に 1 気圧（$1\,\mathrm{atm} = 1.01325 \times 10^5\,\mathrm{Pa}$）における水と空気の密度 ρ，粘性係数 $\mu\,[\mathrm{Pa\cdot s}]$，動粘性係数 $\nu\,[\mathrm{m}^2/\mathrm{s}]$ の値を示す．

表 1.1　1 気圧における水と空気の密度 ρ，粘性係数 μ，動粘性係数 ν

温度 T [℃]	水			空気		
	$\rho\,[\mathrm{kg/m}^3]$	$\mu\,[\mathrm{mPa\cdot s}]$	$\nu\,[\mathrm{mm}^2/\mathrm{s}]$	$\rho\,[\mathrm{kg/m}^3]$	$\mu\,[\mu\mathrm{Pa\cdot s}]$	$\nu\,[\mathrm{mm}^2/\mathrm{s}]$
0	999.8	1.792	1.792	1.293	17.10	13.22
10	999.7	1.307	1.307	1.247	17.59	14.11
20	998.2	1.002	1.004	1.204	18.08	15.02
25	997.0	0.8908	0.8928	1.185	18.32	15.46
30	996.5	0.7973	0.8008	1.165	18.56	15.92
60	983.2	0.4667	0.4747	1.060	19.97	18.83
100	958.4	0.2822	0.2945	0.946	21.75	22.98

1.2　圧　　　力

　　圧力とは，静止する流体の単位面積当りに働く垂直方向の力である．一方，単位面積当りに作用する接線方向の力をせん断応力と呼ぶ．記号 $\tau\,[\mathrm{N/m}^2]$ で表されることが多い．図 1.1 に示すように，流体中の面積 $S\,[\mathrm{m}^2]$ の面に垂直力 $F_V\,[\mathrm{N}]$ が働くとき，圧力 P は次式で表される．

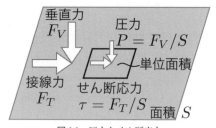

図 1.1　圧力とせん断応力

$$P = \frac{F_V}{S} \tag{1.3}$$

同じ面に接線力 $F_T\,[\mathrm{N}]$ が働くとき，せん断応力 τ は次式で表される．

$$\tau = \frac{F_T}{S} \tag{1.4}$$

両者の単位にはパスカル［Pa］＝［N/m^2］が用いられる．1 気圧は 1013 hPa（ヘクトパスカル）＝1.013×10^5 Pa である．同じ力が働いても，その力が働く面が小さいと，圧力やせん断応力は大きくなる．

　ゲージ圧 P_G とは，大気圧 P_0 を基準として表す圧力である．多くの圧力計の指示値はゲージ圧で表示される．一方，絶対真空を基準とする圧力 P を**絶対圧**と呼ぶ．差圧 ΔP とは，2 点間の圧力の差である．絶対圧，ゲージ圧 P_G，大気圧 P_0，2 点 A, B 間の差圧 ΔP の関係を図 1.2 に示す．また，式で表すと，

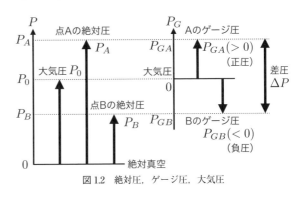

図 1.2　絶対圧，ゲージ圧，大気圧

$$P_G = P - P_0 \tag{1.5}$$

$$\Delta P = P_A - P_B \tag{1.6}$$

となる．

　理想気体の密度 ρ，体積 V［m^3］，モル数 n［mol］，質量 m［kg］，絶対温度 T［K］の間には，次の**状態方程式**が成り立つ．

$$PV = nR_0 T \tag{1.7}$$

$$PV = mRT \tag{1.8}$$

ここで，$R_0 = 8.31$ J/(mol·K) は**一般気体定数**である．R は**気体定数**であり，気体によって異なる値となる．例えば，乾燥空気では 287 J/(kg·K)，水素は 4125 J/(kg·K)，二酸化炭素は 189 J/(kg·K) である．

　流体の**圧縮率** β とは，圧力増加 ΔP に対する流体体積の収縮割合 $\Delta V/V$ の比であり，次式で定義される．

$$\beta = -\frac{1}{V}\frac{\Delta V}{\Delta P} = \frac{1}{K} \tag{1.9}$$

圧縮率の単位は［m^2/N］である．上式中の K［N/m^2］は**体積弾性係数**である．

　流体の体積収縮や膨張に着目する場合は**圧縮性流体**，圧縮率が小さく流体の圧縮性を無視できる場合は**非圧縮性流体**として扱う．

1.3　粘　　　性

　固体表面に接する流体は粘着し，その面に対する相対的運動がない．これを**粘着条件**または**滑りなし条件**と呼ぶ．

　図1.3に示す平行平板間の流れを考える．下の平板を固定し，上の平板を一定速度 U で水平方向に移動させる．粘着条件より，下の平板表面における流体の速度はゼロ，上の平板表面における流体の速度は U となる．2枚の平行平板間の距離 h が小さく，速度 U が小さくて，流体が層状に緩やかに流れる場合，平行平板間の流体の速度 $u(y)$ は

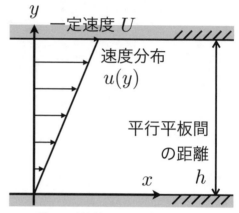

図1.3　平行平板間の流れ（クエット流）

$$u(y) = \frac{U}{h} y \tag{1.10}$$

と線形な分布になる（3.4節参照）．ここで，y は下の平板からの距離である．この流れは，**クエット**（Couette）**流**または**単純せん断流**と呼ばれている．クエット流を維持するためには，上の平板に対して右方向へ力 $F\,[\mathrm{N}]$ を加え続ける必要があり，この力は流体から受けるせん断力とつりあっている．したがって，せん断応力を $\tau\,[\mathrm{N/m^2}]$，平板の面積を $S\,[\mathrm{m^2}]$ とすると，次の関係が成り立つ．

$$F = \tau S \tag{1.11}$$

水や空気などの通常の流体を用いた実験によると，F は S と U に比例し，h に反比例する．したがって，せん断応力 τ は次式で表される．

$$\tau = \frac{F}{S} = \mu \frac{U}{h} \tag{1.12}$$

ここで，比例定数 μ は**粘性係数**または**粘度**と呼ばれる流体の物性値である．粘性係数 μ の単位は $[\mathrm{Pa \cdot s}]$ である．

　クエット流では，速度勾配 U/h は任意の位置 (x, y) で一定となるので，平板間の流体に働くせん断応力 τ は任意の位置で同じ値となる．一般的には，図1.4に

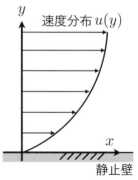

図 1.4 静止壁近傍の速度分布の例

示すように x 方向速度 u の y 方向勾配 $\partial u/\partial y$ は場所ごとに異なった値となり，壁に平行な面に働くせん断応力 τ は次式で表される.

$$\tau = \mu \frac{\partial u}{\partial y} \qquad (1.13)$$

この式はニュートン（Newton）によって与えられた式であり，せん断応力が速度勾配に比例することを**ニュートンの粘性則**と呼ぶ.

　粘性係数 μ を密度 ρ で割ったものを**動粘性係数** ν または**動粘度**と呼び，単位は $[\mathrm{m^2/s}]$ となる（表 1.1 参照）.

$$\nu = \frac{\mu}{\rho} \qquad (1.14)$$

水や空気などはニュートンの粘性則に従い，ニュートンの粘性則に従う流体を**ニュートン流体**と呼ぶ. 高分子溶液やコロイド溶液などはせん断応力と速度勾配が比例せず，図 1.5 に示すように両者の間には様々な関係が現れる. ニュートンの粘性則に従わない流体を**非ニュートン流体**と呼ぶ.

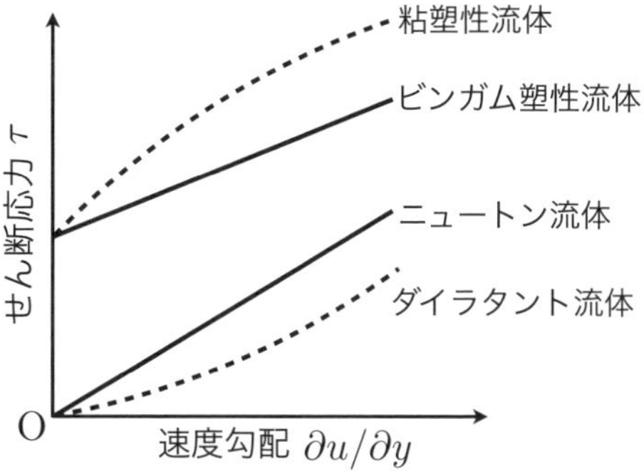

図 1.5 ニュートン流体と非ニュートン流体

　実在流体には粘性力が働くため，**粘性流体**と呼ばれる. ところが，物体に対して相対的に高速な流れでは，粘性の影響は固体表面のごく近傍に限られることが多い. そこで，粘性を無視した仮想的流体を**非粘性流体**と呼ぶ. 非粘性流体は，**理想流体**または**完全流体**とも呼ばれる. 非粘性流体を仮定すれば，流体の運動を比較的容易に取り扱える.

1.4 静 水 力 学

　静水力学は，静止している流体の問題を扱う力学である. 静止流体の任意の点の圧力は，すべての方向に等しい. その結果，密閉容器中の流体は，その容器の

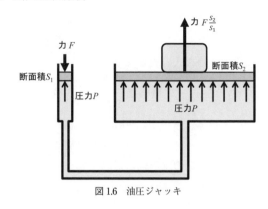

図1.6　油圧ジャッキ

形に関係なく，ある一点に受けた圧力を他のすべての点に同じ強さで伝える．これを**パスカル（Pascal）の原理**という．一例として，図1.6の油圧ジャッキを考えよう．左側のピストンを力 F で押すと，圧力は $P = F/S_1$ となる．左右のピストンで圧力は等しいため，右側のピストンは $PS_2 = F(S_2/S_1)$（$>F$）の力で上向きに押される．このことを利用すれば，右側のピストン上の重い物を小さな力で支える，あるいはもち上げることができる．

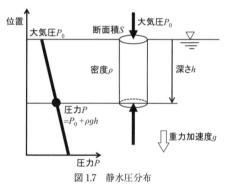

図1.7　静水圧分布

静止流体中の圧力 P は，重力加速度 g によって鉛直下向きに増加する．図1.7に示すように，液面（自由表面）に働く圧力は大気圧 P_0 である．液面から鉛直下向きに断面積が S の筒を考える．液面に働く力は $P_0 S$ である．液面から深さ h までの筒内にある密度 ρ の流体の質量は $\rho h S$ である．したがって，重力加速度を $g\,[\mathrm{m/s^2}]$ とすると，深さ h の水平断面 S に働く力は $P_0 S + \rho h S g$ となる．よって，深さ h の水平面に働く圧力 P は

$$P = P_0 + \rho g h \tag{1.15}$$

となる．

液中にある物体の表面には，その表面に対して垂直内向きに圧力が働く．上に示した静水圧分布から，水深の深い位置にある物体の底部に働く圧力は大きく，水深の浅い位置にある物体の頂部に働く圧力は小さい．図1.8に示すように，密度 ρ の静止液内の底面積 S，高さ h の直方体に働く力のつりあいを考える．直方体の上面には $(P_0 + \rho g H)S$ の圧力による力が下向きに働き，底面には $[P_0 + \rho g(H + h)]S$ の力が上向きに働く．上向きを正とすると，両者の合力 $\rho g h S$ が上向きに働く．この力が**浮力**である．浮力は，物体によって排除された液の質量 $\rho h S$ と重

力加速度 g の積で表される．密度 ρ の液中にある体積 V の物体は，その形状にかかわらず，物体に排除された液の重量 $\rho V g$ の大きさの鉛直上向きの浮力を受ける．これを**アルキメデス**（Archimedes）**の原理**という．物体の密度 ρ_0 が液体の密度 ρ より大きければ，その物体に働く浮力 $\rho V g$ より重力 $\rho_0 V g$ が勝るため，物体は $(\rho_0 - \rho) V g$ の力を鉛直下向き

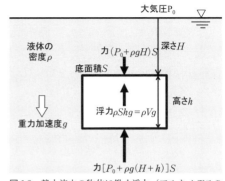

図 1.8　静止液中の物体に働く浮力（アルキメデスの原理）

に受けて沈む．逆に物体の密度 ρ_0 が液体の密度 ρ より小さければ，その物体に働く浮力が勝り，物体は上昇する．

1.5　【発展】浮体の安定性

　浮力により流体中に浮かぶ物体を**浮体**という．浮体に働く浮力の作用点は浮体が排除した流体の重心であり，これを**浮心**という．浮心が重心より上にある場合，浮体が傾くと復原力が働いて傾きを低減させるため，浮体は常に安定で転覆しない．図 1.9 に示すように，重心 G より浮心 B が下にあり，浮体が角度 θ だけ傾いた場合を考えてみる．浮体が傾くと，左側の三角形 $\triangle ACO$ 内の流体は右側の三角形 $\triangle A'C'O$ 内へ移動し，浮心が B から B' へ移る．このため，重心 G に働く重

力と浮心 B' に働く浮力によってモーメントが働く．浮心 B' を含む鉛直線と浮体の中心軸の交点 M を**メタセンター**，M と G の距離をメタセンターの高さという．図 1.9 に示すように，M が G の上にあると浮体には傾きを減少させる復原偶力が生じるため，浮体は安定である．一方，M が G の下にあると傾きは増大するため，浮体は不安定である．

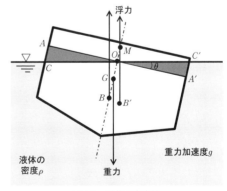

図 1.9　浮体の安定性

演 習 問 題

問題 1.1　密度が $1000\,\mathrm{kg/m^3}$, 粘性係数が $1.0\times10^{-3}\,\mathrm{Pa\cdot s}$ の流体の動粘性係数を求めなさい. また, 粘性係数が $1.0\times10^{-5}\,\mathrm{Pa\cdot s}$, 動粘性係数が $1.0\times10^{-5}\,\mathrm{m^2/s}$ の流体の密度を求めなさい.

問題 1.2　大気圧を P_0, 海水の密度を ρ, 重力加速度を g とする. 水深 h における圧力を P_0, ρ, g, h を用いて表しなさい. また, $P_0 = 1010\,\mathrm{hPa}$, $\rho = 1000\,\mathrm{kg/m^3}$, $g = 9.80$ $\mathrm{m/s^2}$ のとき, 水深 $50\,\mathrm{m}$ における絶対圧を求めなさい.

問題 1.3　ある氷山が海面上にその一角を出して浮いている. この氷山の全体積の何%が海面下にあるか求めなさい. ただし, 氷の密度 ρ_0 は $920\,\mathrm{kg/m^3}$, 海水の密度 ρ は 1020 $\mathrm{kg/m^3}$, 重力加速度 g は $9.80\,\mathrm{m/s^2}$ とする.

Chapter 2

質量・エネルギーの保存

2.1 流れの記述法

流体の運動を数学的に記述するには，流体の各部分が各時刻において，どのような速度や物理量を有するか，またそれらの量が時間的に，もしくは空間的にどのように変化するかを記述する必要がある．流体力学で扱う物理量には，大きさ（値）のみを持つスカラー量（密度 ρ，粘性係数 μ，圧力 P など）と，大きさと方向を持つベクトル量（速度 $\boldsymbol{u}$，重力加速度 $\boldsymbol{g}$ など）がある．

流れ場内の固定点に着目し，流体の運動を記述する方法を**オイラー**（Euler）の**方法**という．ある位置 $\boldsymbol{r}$ における物理量 $\phi(t, \boldsymbol{r})$ の時間変化を考える．この場合，位置 $\boldsymbol{r}$ を固定しているため時間変化率は次式で表される．

$$\frac{\partial \phi(t, \boldsymbol{r})}{\partial t} = \lim_{\Delta t \to 0} \left(\frac{\phi(t + \Delta t, \boldsymbol{r}) - \phi(t, \boldsymbol{r})}{\Delta t} \right) \tag{2.1}$$

一般に時刻 t における位置 $\boldsymbol{r} = (x, y, z)$ と時刻 $t + dt$ における位置 $\boldsymbol{r} + d\boldsymbol{r} = (x + dx, y + dy, z + dz)$ の間での ϕ の値の差 $d\phi$，すなわち ϕ の全微分は次式で表される．

$$d\phi = \frac{\partial \phi}{\partial t} dt + \frac{\partial \phi}{\partial \boldsymbol{r}} \cdot d\boldsymbol{r} = \frac{\partial \phi}{\partial t} dt + \frac{\partial \phi}{\partial x} dx + \frac{\partial \phi}{\partial y} dy + \frac{\partial \phi}{\partial z} dz \tag{2.2}$$

したがって，ϕ の時間変化率は次式で表される．

$$\frac{d\phi}{dt} = \frac{\partial \phi}{\partial t} + \frac{\partial \phi}{\partial \boldsymbol{r}} \cdot \frac{d\boldsymbol{r}}{dt} = \frac{\partial \phi}{\partial t} + \frac{\partial \phi}{\partial x} \frac{dx}{dt} + \frac{\partial \phi}{\partial y} \frac{dy}{dt} + \frac{\partial \phi}{\partial z} \frac{dz}{dt} \tag{2.3}$$

流体粒子の運動（速度 $\boldsymbol{u} = (u, v, w)$）に沿った ϕ の時間変化率を考えると，流体粒子は dt 間に $\boldsymbol{r}$ から $\boldsymbol{r} + \boldsymbol{u}dt = (x + udt, y + vdt, z + wdt)$ に移動しており，$d\boldsymbol{r}/dt = (dx/dt, dy/dt, dz/dt) = \boldsymbol{u} = (u, v, w)$ であるから式(2.3)は次式となる．

$$\frac{d\phi}{dt} = \frac{\partial \phi}{\partial t} + u \frac{\partial \phi}{\partial x} + v \frac{\partial \phi}{\partial y} + w \frac{\partial \phi}{\partial z} = \frac{\partial \phi}{\partial t} + \boldsymbol{u} \cdot \frac{\partial \phi}{\partial \boldsymbol{r}} \tag{2.4}$$

このような流体粒子の運動に沿っての時間変化率を表す微分 d/dt を**ラグランジュ**(Lagrange)**微分**もしくは**実質微分**，**物質微分**と呼び，流体力学では D/Dt と表す．すなわち，

$$\frac{D}{Dt} = \frac{\partial}{\partial t} + \boldsymbol{u} \cdot \frac{\partial}{\partial \boldsymbol{r}} = \frac{\partial}{\partial t} + \boldsymbol{u} \cdot \nabla = \frac{\partial}{\partial t} + u\frac{\partial}{\partial x} + v\frac{\partial}{\partial y} + w\frac{\partial}{\partial z} \tag{2.5}$$

ここで，∇ は以下の微分演算子（ナブラ演算子と呼ぶ）を表す（付録参照）．

$$\nabla = \frac{\partial}{\partial \boldsymbol{r}} = \left(\frac{\partial}{\partial x}, \frac{\partial}{\partial y}, \frac{\partial}{\partial z} \right) \tag{2.6}$$

2.2 ラグランジュの方法

質点の運動では，質点の位置 $\boldsymbol{r}_p = (x_p, y_p, z_p)$ は時間のみの関数 $\boldsymbol{r}_p(t)$ であり，質点の速度 $\boldsymbol{u}_p(t)$ は次式で定義される．

$$\boldsymbol{u}_p(t) = \frac{d\boldsymbol{r}_p(t)}{dt} \tag{2.7}$$

流体中の微小体積要素を流体の粒子とみなすと，質点と同様に流体粒子の位置 $\boldsymbol{r}$ の時間変化率として流体の速度（流速）を定義できる．流体の運動は無数の流体粒子の運動として記述できる．時刻 $t=0$ に位置 $\boldsymbol{r}_0$ にいた流体粒子の時刻 t における位置を $\boldsymbol{r}(t, \boldsymbol{r}_0)$ とすると，速度 $\boldsymbol{u}(t, \boldsymbol{r}_0)$ は

$$\boldsymbol{u}(t, \boldsymbol{r}_0) = \frac{\partial \boldsymbol{r}(t, \boldsymbol{r}_0)}{\partial t} = \lim_{\Delta t \to 0} \left(\frac{\boldsymbol{r}(t + \Delta t, \boldsymbol{r}_0) - \boldsymbol{r}(t, \boldsymbol{r}_0)}{\Delta t} \right) \tag{2.8}$$

と書ける。ここで，同一の流体粒子に着目している（$\boldsymbol{r}_0$ が一定）ため，右辺は偏微分となっているが，物理的意味は式（2.7）の右辺と同じである．同様に，着目した流体粒子の位置における密度，速度，温度などの任意の物理量 ϕ の時間変化率は次のように表せる．

$$\frac{\partial \phi(t, \boldsymbol{r}_0)}{\partial t} = \lim_{\Delta t \to 0} \left(\frac{\phi(t + \Delta t, \boldsymbol{r}_0) - \phi(t, \boldsymbol{r}_0)}{\Delta t} \right) \tag{2.9}$$

このように流体粒子に着目し，その物理量の変化を記述する方法を**ラグランジュの方法**という．

2.3 定常流と非定常流

時間的に変化しない流れを定常流，時間的に変化する流れを非定常流という．定常流では任意の物理量に対して時間に関する偏微分 $\partial/\partial t$ はゼロとなる．

2.4 流線，流管，流跡線，流脈線

ある時刻において，流れ場の任意の位置から速度の接線方向に進んで繋いだ線を**流線**と呼ぶ（図 2.1 左図）．流線上の任意の位置で，流線の線素ベクトル $dr = (dx, dy, dz)$ と速度 $u = (u, v, w)$ は平行であるため，次式が成り立つ．

$$\frac{dx}{u} = \frac{dy}{v} = \frac{dz}{w} \tag{2.10}$$

流線は速度と平行であるので流線を横切る流れはない．非定常流では，流線は時間とともに変化する．

流れ場中に考えたある閉曲線 C 上の各点から出発する流線で形成される仮想的な管を**流管**と呼ぶ（図 2.1 右図）．各流線を横切る流れはないので，流線で形成された流管の

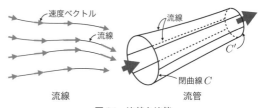

図 2.1 流線と流管

側面から流体は流出しない．すなわち，閉曲線 C に囲まれた面に流れ込んだ流体は，すべて出口において流線の終点で形成される閉曲線 C' に囲まれた面から流出する．管（パイプやダクトなどの流路）も側壁からの流出はなく，流管の一つと考えてよい．

流体粒子の軌跡を**流跡線**と呼ぶ．流れ場のある一点を（過去から現在までに）通過した流体粒子群が作る線を**流脈線**と呼ぶ．流れ場の一点から煙やインクを流したときにできる模様と考えてよい．定常流では流線と流跡線および流脈線は一致するが，非定常流ではいずれも一致しない．

2.5　体積流量，質量流量

　流れ場内に任意の断面 S [m^2]
を考える．S に垂直な流れがあれ
ば流体が S を通過する．単位時間
に S を通過する流体の体積を**体積
流量** Q [m^3/s] と呼ぶ．垂直方向
速度 u [m/s] が一定とみなせる程
度に小さい面積 dS を流体が通る

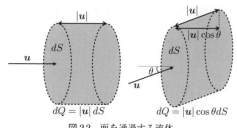

図2.2　面を通過する流体

場合（図2.2），時刻 0 において dS にいた流体は Δt 秒後に $u\Delta t$ だけ移動している
（図2.2左図）．したがって，体積流量 dQ は udS である．速度 u（ベクトルである
ことに注意）が dS に対して角度 θ で流入する場合（図2.2右図），$dQ = |u|\cos\theta\, dS$
$= u \cdot dS$ となる．ここで，dS は大きさが dS，方向が面に垂直方向の面積要素ベク
トルである．垂直方向の単位ベクトル（単位法線ベクトル）n を用いると $dS =$
ndS と表せる．以上より，断面 S を通過する体積流量 Q は次式で表される．

$$Q = \int dQ = \int_S u \cdot dS \tag{2.11}$$

断面 S 内で速度 u の垂直成分 $u = u \cdot n$ が一定であれば体積流量は次式で表される．

$$Q = uS \tag{2.12}$$

一方，次式で定義される断面平均流速 $\bar{u}$ を用いれば，断面内で速度が一様でない
場合も式（2.12）と同様に $Q = \bar{u}S$ の関係がある．

$$\bar{u} = \frac{Q}{S} = \frac{1}{S}\int_S u \cdot dS \tag{2.13}$$

同様に，単位時間に S を通過する流体の質量を**質量流量** W [kg/s] と呼び，次式
で表される．

$$W = \int \rho dQ = \int_S \rho u \cdot dS \tag{2.14}$$

非圧縮性流体（$\rho = $ const.）では，質量流量は密度 ρ と Q の積で表せる．

$$W = \rho Q \tag{2.15}$$

断面 S 内で u が一定であれば質量流量は次式で表される．

$$W = \rho uS \tag{2.16}$$

2.6 流管における質量保存

　以下では定常流を対象とする．図2.3に示す流管において，面積 S_1 の断面1から流体が流入し，面積 S_2 の断面2から流出する場合を考える．流管に沿う座標を s とし，S_1，S_2 は s に垂直かつそれぞれの中で密度 ρ，流速 u が一様とみなせるとする．流れの方向 u は s に沿っているため，以降ではその大きさ u を用いる．また，ρ と u は s のみの関数 $\rho(s)$，$u(s)$ として表せる．このように断面内で物理量が一様とみなせ，物理量の変化が s 方向のみの流れを準一次元流れという．流管側面からの流出はないため，S_1 から流入した流体はすべて S_2 から流出する．すなわち，S_1 と S_2 における質量流量は等しい．

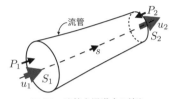

図2.3　流管を通過する流れ

$$\rho_1 u_1 S_1 = \rho_2 u_2 S_2 \tag{2.17}$$

ここで，添字1および2はそれぞれ流入および流出断面を示す．あるいは，

$$W = \rho u S = \text{const.} \tag{2.18}$$

$$\frac{\partial(\rho u S)}{\partial s} = 0 \quad \text{または} \quad \frac{\partial W}{\partial s} = 0 \tag{2.19}$$

と書ける．これらの式を**質量保存式**，あるいは**連続の式**という．非圧縮性流体では，$\rho = \text{const.}$ であるため，式（2.18），（2.19）は以下のようになる．

$$Q = uS = \text{const.} \quad \text{または} \quad \frac{\partial Q}{\partial s} = 0 \tag{2.20}$$

すなわち，流管内の体積流量 Q は位置 s によらず一定である．

2.7 流管におけるエネルギー保存とベルヌーイの式

　流体の持つ力学的エネルギーは，運動エネルギーと位置エネルギーである．単位質量当りの運動エネルギーは $u^2/2$ [J/kg]，位置エネルギーは重力加速度 g と基準位置からの高さ z を用いて gz [J/kg] と表せるので全エネルギー ε は次式で与えられる．

$$\varepsilon = \frac{1}{2}u^2 + gz \tag{2.21}$$

流体のもつエネルギーは，流体が外部にした仕事分だけ減少し，外部から流体になされた仕事分だけ増加する．非粘性流体の定常流において，図2.4に示す流管内の断面1と断面2で囲まれた流体に対して，エネルギーのバランスを考える．

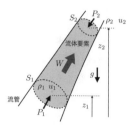

図2.4　流管内の流体要素に作用する力

　定常流であるため，質量保存式（2.18）から $W =$ const. である．断面1における単位質量当りの全エネルギーを ε_1 とすると，時間 Δt 間の流入によるエネルギーの増加量は $W\varepsilon_1\Delta t$ と書ける．同様に断面2からの流出によるエネルギーの減少量は $W\varepsilon_2\Delta t$ と書ける．一方，この領域の流体には圧力 P が作用しており，断面1では圧力 P_1 による力 P_1S_1 で距離 $u_1\Delta t$ だけ流体を移動しているので $P_1S_1u_1\Delta t$ だけ仕事がなされる．同様に，断面2では圧力 P_2 によって $-P_2S_2u_2\Delta t$ だけ流体に対して仕事がなされる（流体が圧力に抗して $P_2S_2u_2\Delta t$ だけ仕事をしている）．定常流では，流管内の全エネルギーは変化しないので次式が成り立つ．

$$0 = W\varepsilon_1\Delta t - W\varepsilon_2\Delta t + P_1S_1u_1\Delta t - P_2S_2u_2\Delta t \tag{2.22}$$

$W\Delta t$ で両辺を除すと，

$$\varepsilon_1 + P_1\frac{S_1u_1}{W} = \varepsilon_2 + P_2\frac{S_2u_2}{W} \tag{2.23}$$

式（2.18），（2.21）を代入し，次式を得る．

$$\frac{1}{2}u_1^2 + gz_1 + \frac{P_1}{\rho_1} = \frac{1}{2}u_2^2 + gz_2 + \frac{P_2}{\rho_2} \tag{2.24}$$

あるいは，

$$\frac{1}{2}u^2 + gz + \frac{P}{\rho} = \text{const.} \tag{2.25}$$

となる．上式を**ベルヌーイ**（Bernoulli）**の式**という．この式は流管に対するエネルギー保存を表しているが，無限小断面積の流管，すなわち流線に対しても成り立つ．また，管路に対して用いる場合には，速度 u として式（2.13）で定義される断面平均流速 U を，圧力 P にも断面平均値を用いればよい．

　流体が非圧縮性流体の場合には，ρ が一定であるため，以下の形でも表せる．

$$\frac{1}{2}\rho u^2 + \rho gz + P = \text{const.} \tag{2.26}$$

本書では，断りのない限り液体は非圧縮性流体として扱う．式 (2.25) が単位質量当りのエネルギー [J/kg] の次元をもつのに対して，式 (2.26) は単位体積当りのエネルギー [J/m³] であり，圧力 [Pa] の次元をもつ．

式 (2.25) を重力加速度 g で除すと次式を得る．

$$\frac{1}{2}\frac{u^2}{g} + z + \frac{P}{\rho g} = \text{const.} \tag{2.27}$$

上式は，長さ [m] の次元をもっており，第 1 項から順に，**速度ヘッド**，**位置ヘッド**，**圧力ヘッド**と呼ばれる．これらの和は**全ヘッド**と呼ばれ，式 (2.27) は流線に沿って全ヘッドが維持されることを示している．すなわち，摩擦などによるエネルギー損失がない場合，管路の高さや断面積が変わると圧力や速度が変化するが全ヘッドは変化しない．

流体が粘性を有しており，断面 1-2 間で粘性摩擦によるエネルギー損失が生じる場合には，単位質量当りのエネルギー損失を e_μ [J/kg] とすると次式が成り立つ．

$$\frac{1}{2}u_1^2 + gz_1 + \frac{P_1}{\rho_1} = \frac{1}{2}u_2^2 + gz_2 + \frac{P_2}{\rho_2} + e_\mu \tag{2.28}$$

e_μ の与え方については後述する．なお，粘性摩擦により損失したエネルギーは熱エネルギーとなる．

2.8 ベルヌーイの式と内部エネルギー

定常流動系の熱力学の第 1 法則は次式で表される．

$$\left(h_2 + \frac{1}{2}u_2^2 + gz_2\right) - \left(h_1 + \frac{1}{2}u_1^2 + gz_1\right) = q + w \tag{2.29}$$

ここで，添字 1 および 2 はそれぞれ流管の入口および出口を示す．また，h は比エンタルピー，q は入口から出口までに流体が外部から受けた単位質量当りの正味熱量，w は入口から出口までに流体が外部から受けた単位質量当りの正味仕事を示す．h は流体の比内部エネルギー e および Pv（v は比容積）すなわち P/ρ の和である．したがって，熱の出入りがなく，仕事もなされない系では，式 (2.29) は次式となる．

$$\frac{1}{2}u_1^2 + gz_1 + \frac{P_1}{\rho_1} + e_1 = \frac{1}{2}u_2^2 + gz_2 + \frac{P_2}{\rho_2} + e_2 \tag{2.30}$$

内部エネルギーが変化しない系では，式 (2.30) はベルヌーイの式 (2.24) に帰着

する. 一方, 粘性摩擦により損失したエネルギー e_μ は熱エネルギーとなり, 内部エネルギーを増加させるため, $e_2 = e_1 + e_\mu$ が成り立つ. $e_\mu = e_2 - e_1$ をエネルギー損失を伴う場合のベルヌーイの式 (2.28) に代入すれば式 (2.30) となり, 内部エネルギーも含めたエネルギー保存と一致することがわかる.

2.9　トリチェリの定理

　大気圧 P_0 中に置かれた容器内に密度 ρ の液体が満たされており, 液面から $h\,[\mathrm{m}]$ 下方の小孔から液体が流出している (図 2.5). 流出速度 u はベルヌーイの式を用いて求められる. 簡単のために容器の断面積 S は十分大きく, 液体流出に伴う液面の低下は無視でき, 点 1 における流速 u_1 もゼロとみなせるとする. また, 空気の密度は小さく, 水面と流出口 (小孔) の間で空気の自重による気

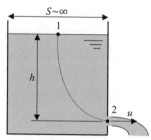

図 2.5　容器からの液体の流出

圧の差は無視でき, 両方とも P_0 と考えて良いとする. 液面上の点 1 と流出口の点 2 の間に図 2.5 に示すような流線 (破線) が考えられる. 点 1 および 2 における速度, 圧力, 高さは次のようになる.

　　点 1 : $u_1 = 0$, 　$P_1 = P_0$, 　$z = h$

　　点 2 : $u_2 = u$, 　$P_2 = P_0$, 　$z = 0$

したがって, 点 1-2 間でベルヌーイの式 (2.25) は

$$gh + \frac{P_0}{\rho} = \frac{1}{2} u^2 + \frac{P_0}{\rho} \tag{2.31}$$

となり, 流出速度 u は次式で与えられる.

$$u = \sqrt{2gh} \tag{2.32}$$

これを**トリチェリ** (Torricelli) **の定理**という.

2.10　サ イ フ ォ ン

　管路で液体を輸送する場合, 図 2.6 に示すように流入口よりも高い場所を通過したのち流入口より低い高さで流出する管路を**サイフォン**と呼ぶ. 容器の断面積は十分大きいとし, 液面上の点 1 から管路内の最高点である点 2 を通り, 流出口

の点 3 につながる流線を考える．管路の断面積を一定とし，管出口での速度を u
とすると，各点での速度，圧力，高さは次のようになる．

　　点 1：$u_1 = 0$,　$P_1 = P_0$,　$z = 0$

　　点 2：$u_2 = u$,　P_2,　$z = h_2$

　　点 3：$u_3 = u$,　$P_3 = P_0$,　$z = -h_1$

ここで，$u_2 = u$ は点 2-3 間の連続の式から導かれる．点 1-3 間でベルヌーイの式
は

$$\frac{P_0}{\rho} = \frac{1}{2} u^2 + \frac{P_0}{\rho} - gh_1 \tag{2.33}$$

となり，管出口での速度 u は以下のように求まる．

$$u = \sqrt{2gh_1} \tag{2.34}$$

上式は，トリチェリの定理と等しい．一方，点 2-3 間にベルヌーイの式を適用す
ると

$$\frac{1}{2} u^2 + \frac{P_2}{\rho} + gh_2 = \frac{1}{2} u^2 + \frac{P_0}{\rho} - gh_1 \tag{2.35}$$

となり，次式を得る．

$$P_2 = P_0 - \rho g(h_1 + h_2) \tag{2.36}$$

ところで，液体の温度が上昇し蒸気圧 P_v が大気圧に達
すると沸騰が始まるが，温度上昇がなくとも，圧力が
低下して P_v と等しくなった場合も激しい気化（キャビ
テーション）が生じる．図 2.6 において，点 2 におけ
る圧力 P_2 が最も低く，P_2 が蒸気圧 P_v 以下になるとキ
ャビテーションが始まり，管内が蒸気で満たされるた
め液体が分断され，サイフォンとして作動できない．
したがって，サイフォンが作動するためには，以下の
条件を満たす必要がある．

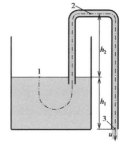

図 2.6　サイフォン

$$P_2 = P_0 - \rho g(h_1 + h_2) > P_v \tag{2.37}$$

2.11　圧 力 計 測 法

　配管や容器内の圧力測定には，しばしば図 2.7 に示すような液柱が用いられる．
たとえば，容器に鉛直管が接続され，容器内の液体が鉛直管を上昇し，高さ h ま

で到達したときに静止したとする（図2.7
左図）．このとき，容器の圧力 P は，外部
の圧力 P_0 と液柱により生じる圧力 ρgh の
和と等しい（1.4 節参照）．すなわち，

$$P = P_0 + \rho gh \qquad (2.38)$$

このように液柱の高さ h から圧力を求める
圧力計を**マノメータ**と呼ぶ．配管に鉛直管

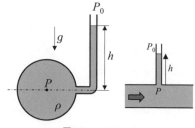

図2.7　マノメータ

を接続した場合（図 2.7 右図）も同様に鉛直管下端の圧力 P と周囲圧力 P_0 の間に
式（2.38）の関係が成り立つ．

　管路内の2点間の圧力差（**差圧**と呼ぶ）ΔP を測定する場
合には，図 2.8 のように U 字型の管で 2 点間を接続し，管路
内の流体とは混じり合わない液体を U 字管に封入する．この
例では，封入液体の密度 ρ' は管路内流体の密度 ρ より大きい．
U 字管内液体が静止しているとき，下側の破線の位置での左
右の圧力が等しいため

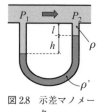

図2.8　示差マノメー
タ

$$P_1 + \rho g(l+h) = P_2 + \rho gl + \rho' gh \qquad (2.39)$$

より

$$\Delta P = P_1 - P_2 = (\rho' - \rho)gh \qquad (2.40)$$

となる．このような差圧計を**示差マノメータ**もしくは **U 字管マノメータ**という．

2.12　速度・流量計測法

　水平な流れなど位置エネルギーの変化が無視できる系では，非圧縮性流体のベ
ルヌーイの式（2.26）の第 2 項は無視でき，次式となる．

$$\frac{1}{2}\rho u^2 + P = \text{const.} \qquad (2.41)$$

図 2.9 のように流速 u，圧力 P の流れに物
体を置いてせき止めた場合，流線が物体表
面と接続し，速度がゼロとなる場所が生じ
る．この場所をよどみ点という．よどみ点
での圧力を P_s とし，この点につながる流線
上に式（2.41）を適用すると次式を得る．

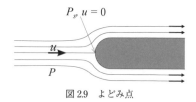

図2.9　よどみ点

$$\frac{1}{2}\rho u^2 + P = P_s \tag{2.42}$$

このとき，P_s を**全圧**もしくは**よどみ点圧力**という．また，P を全圧と区別するため**静圧**と呼び，よどみ点での圧力上昇分である $\rho u^2/2$ を**動圧**という．

　よどみ点圧力は静圧に比べ動圧，すなわち流線上の十分離れた点における運動エネルギー分だけ圧力が上昇する．したがって，よどみ点圧力 P_s と静圧 P の差から流速 u が求められる．

$$u = \sqrt{\frac{2(P_s - P)}{\rho}} \tag{2.43}$$

$P_s - P$ の測定には図 2.10 に示すような管が用いられる．この管を**ピトー**（Pitot）**管**という．実際のピトー管で

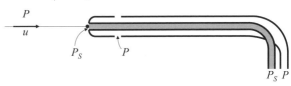

図 2.10　ピトー管

は，その形状や静圧測定孔の位置など装置固有の特性により，式（2.43）にわずかな補正が必要になる．そこで，補正係数 C（ピトー管係数）を導入した次式が用いられる．

$$u = C\sqrt{\frac{2(P_s - P)}{\rho}} \tag{2.44}$$

ここで，C は 1 に近い値をとる．

演 習 問 題

問題 2.1　位置 $\boldsymbol{r}$ のラグランジュ微分（式（2.5）：流体粒子の運動に沿っての時間微分）が流速 $\boldsymbol{u}$ であることを確認しなさい．また，流体粒子の加速度（速度 $\boldsymbol{u}$ のラグランジュ微分）がどのように表されるかを示しなさい．

問題 2.2　直径が D_1 から D_2 に変化する円管内の流れにおいて，直径 D_1 の断面における密度が ρ，速度が U であった．直径 D_2 の断面における密度が 2ρ のときこの断面における速度 U_2 を求めなさい．

問題 2.3　図 2.5 の系において，タンク全体が密度 ρ_0 の流体中にある場合の流出速度 u を求めなさい．ただし，位置 1 における圧力は P_0 とし，タンク外の流体密度 ρ_0 はタンク内の流体密度 ρ に比べ無視できないとする．

問題 2.4 図 2.5 の系において，流出孔で損失 e [J/kg] が生じる場合の流出速度 u を求めなさい.

問題 2.5 下図に示すような断面積が絞られたのち，再び元の断面積まで緩やかに広がる管路（**ベンチュリ管**）内を非圧縮性流体が流れている．絞る前の断面 1（面積 S_1）と最も絞られた断面 2（面積 S_2）での圧力差（$P_1 - P_2$）から管内の体積流量 Q を計算する式を導きなさい.

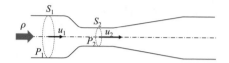

Chapter 3

一方向流れの運動量保存

　本章では，一方向流れに対する運動量の保存を考える．一方向流れとは，座標系を適当にとったときに，ある１つの座標軸方向の速度成分しかもたない流れである．例えば，水平な円管の中を定常かつ層状に流れている流体は管軸方向の速度成分しかもたないので，一方向流れである．ただし，速度は管軸からの距離によって異なり，管断面内に速度勾配が生じる場合があることに注意しよう．流れ方向に一様な一方向定常流に対する運動量保存式は力のつりあい式に帰着することを示し，また局所の力のつりあい式から速度分布を求める．

3.1　運動量保存の考え方

　図 3.1 に示すように，一方向流れの中の一部分のみを仮想的に切り出してみる．流体に対する保存則を考察する際は，このように流れ

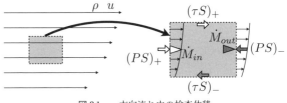

図 3.1　一方向流れ中の検査体積

のある部分に含まれる流体を考える．切り出した部分を**検査体積**という．検査体積の体積を V，単位体積当りの運動量の平均値を ρu とすると，検査体積内の運動量は $\rho u V$ と表せる．運動量は，検査体積に出入りする流れと，検査体積内の流体に作用する力によって変化する．すなわち，運動量の時間変化率 $\partial \rho u V / \partial t$ は，検査体積表面を通じて流れとともに出入りする運動量の収支と，圧力，粘性応力および重力による力 (F_P, F_μ, F_G) の総和に等しい（運動量の保存則）．

$$\frac{\partial \rho u V}{\partial t} = \dot{M}_{in} - \dot{M}_{out} + F_P + F_\mu + F_G \tag{3.1}$$

検査体積の表面積 S のうち，流れが検査体積内に向かっているところでは運動量

が流れとともに検査体積内に入ってくる. これによる単位時間当りの運動量増分
が $\dot{M}_{in}$ である. 一方, 流れが検査体積外に向かっているところでは運動量が $\dot{M}_{out}$
流出する. 検査体積表面を通じて運動量 ρu をもつ流体が速度 u で検査体積内に
一様に入るとき, $\dot{M}_{in} = (\rho u u S)_{in} = (\rho Q u)_{in} = (W u)_{in}$ と書ける. ここで, Q および
W はそれぞれ体積流量および質量流量である. $\dot{M}_{out}$ も同様である.

　以下では流れが定常（検査体積内の運動量が一定. $\partial \rho u V / \partial t = 0$）で, かつ運動
量流出入の収支（$\dot{M}_{in} - \dot{M}_{out}$）がゼロの場合について考えよう. これは, 例えば円
管内流れにおいて管入口から十分に離れたところでは流れ方向に変化がない状態
（十分に**発達した流れ**）になるので, そこに検査体積をとる場合にあたる. このと
き, 式 (3.1) は力のつりあい式になる.

$$F_P + F_\mu + F_G = 0 \tag{3.2}$$

圧力 P と粘性応力 τ による力は面に作用する力, すなわち**面積力**なので, 検査体
積の表面積 S 上の流体への作用を通して検査体積内の運動量を変える. これらの
力の S 全体の総和を考えるが, そのうち運動量増・減に寄与する成分をそれぞれ
下付き添字 +, – で表現することにすれば, $F_P = (PS)_+ - (PS)_-$, $F_\mu = (\tau S)_+ -$
$(\tau S)_-$ と書ける. 重力は**体積力**だからその大きさは V 内の質量 ρV に比例し, g_u
を流れ方向の重力加速度ベクトルの成分とすれば, $F_G = \rho g_u V$ となる. 以上をまと
めると, 式 (3.2) は次式となる.

$$\frac{1}{V}\left[(PS)_+ - (PS)_- + (\tau S)_+ - (\tau S)_-\right] + \rho g_u = 0 \tag{3.3}$$

3.2　円管内流れにおける力のつりあい

　円管の中を流れる非圧縮性流体の定常
流に対して式 (3.3) を適用しよう. 円管
半径を R, 内径を D, 流れの向きを正と
する管軸に沿った座標を z とする. z 軸
と水平面のなす角度を θ とする. 図 3.2
に示すように断面積 $S = \pi R^2$ の底面が z,
上面が $z + \Delta z$ にある円柱を検査体積とす
る. よって, $V = S \Delta z = \pi R^2 \Delta z$. 圧力に
よる力は z 断面および $z + \Delta z$ 断面でそれ

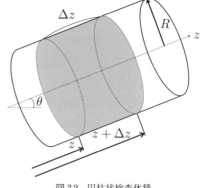

図 3.2　円柱状検査体積

ぞれ正，負の寄与となる．すなわち，$(PS)_+ - (PS)_- = P(z) \cdot \pi R^2 - P(z+\Delta z) \cdot \pi R^2$．円管壁では粘着条件のために流体の速度はゼロとなるから，円柱検査体積側面に作用する粘性応力 τ_W は運動量を減少させる方向に働く．一方，運動量を増加させる向きの粘性応力はない．したがって，$(\tau S)_+ - (\tau S)_- = -(\tau S)_- = -\tau_W 2\pi R \Delta z$ となる．τ_W を**壁面せん断応力**という．また，重力加速度の流れ方向成分 g_u は $-g\sin\theta$ である．以上を式（3.3）に代入すると次式を得る．

$$-\frac{P(z+\Delta z) - P(z)}{\Delta z} = \frac{4\tau_W}{D} + \rho g \sin\theta \tag{3.4}$$

この式は有限幅 Δz の検査体積について成り立つつりあい式であるが，$\Delta z \to 0$ とすると，局所的に成り立つ次式が得られる．

$$-\frac{\partial P}{\partial z} = \frac{4\tau_W}{D} + \rho g \sin\theta \tag{3.5}$$

十分に発達した流れでは τ_W は一定であり，式（3.5）より $-\partial P/\partial z$ も一定となる．したがって，距離 L の間に生じる**圧力降下**は，式（3.5）の両辺に L をかけ，

$$\Delta P = \frac{4L}{D}\tau_W + \rho g L \sin\theta \tag{3.6}$$

となる．ここで，上流側を点1，下流側を点2として，$\Delta P = (-\partial P/\partial z) \cdot L = -((P_2 - P_1)/L)L = P_1 - P_2$ である．重力による二点間の圧力差 $\Delta P_G = \rho g L \sin\theta$ は容易に計算できる．摩擦圧力降下 $\Delta P_f = (4L/D)\tau_W$ を求めるには τ_W に関する知識が必要である．

τ_W は円管壁面における速度勾配に比例する．速度勾配は u が大きいほど大きくなると考えられる．そこで，τ_W を次のように書いてみる．

$$\tau_W = f\frac{1}{2}\rho u^2 \tag{3.7}$$

ここで，比例係数 f はファニング（Fanning）の摩擦係数あるいは単に**摩擦係数**と呼ばれる．円管内流れの ΔP_f に上式を代入すると，

$$\Delta P_f = \lambda\left(\frac{L}{D}\right)\frac{1}{2}\rho u^2 \tag{3.8}$$

となり，摩擦圧力降下を動圧と結びつけた表現になる．ここで，λ（$=4f$）は**管摩擦係数**で，円管内流れの摩擦係数には普通こちらが用いられる．

3.3　円管内流れの層流速度分布

　力のつりあい式（3.3）を円管内の微小な検査体積に適用し，円管内層流の速度分布を導出しよう．速度分布がわかると壁面せん断応力や管摩擦係数を求められる．

　十分に発達した円管内非圧縮性定常流れの中に図3.3に示す微小な検査体積をとる．管軸からの半径方向距離をrとする(r, θ, z)座標系を用いる．検査体積の体積は$V = r\Delta\theta\Delta r\Delta z$である．十分発達した流れは管軸に関して対称であり，流速はrのみの関数$u(r)$と

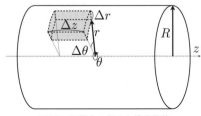

図3.3　円管内の微小な検査体積

なる．圧力による力は，作用する面積が$r\Delta\theta\Delta r$だから，$F_P = (PS)_+ - (PS)_- = (P(z) - P(z+\Delta z))r\Delta\theta\Delta r$となる．この流れでは，壁面で$u(R) = 0$だから，壁から管軸に向かって速度が大きくなり，管軸において最大速度をとると考えられる．検査体積表面において，検査体積内側の流体が外側よりも遅い場合にzの正の方向，速い場合に負の方向に粘性応力による力が作用するから，rにおける面$r\Delta\theta\Delta z$および$r+\Delta r$における面$(r+\Delta r)\Delta\theta\Delta z$に作用する力がそれぞれ$(\tau S)_+$，$(\tau S)_-$に対応する．よって，$F_\mu = \tau(r) \cdot r\Delta\theta\Delta z - \tau(r+\Delta r) \cdot (r+\Delta r)\Delta\theta\Delta z$となる．重力は無視する（重力とつりあうように静圧勾配が形成されるため，重力は速度分布に実質影響を及ぼさない）．以上を式（3.3）に代入すると，この流れの力のつりあい式が得られる．

$$\frac{\tau(r+\Delta r) \cdot (r+\Delta r) - \tau(r) \cdot r}{r\Delta r} = -\frac{P(z+\Delta z) - P(z)}{\Delta z} \tag{3.9}$$

上式において$\Delta r \to 0$，$\Delta z \to 0$にとれば，次式が得られる．

$$\frac{1}{r}\frac{\partial r\tau}{\partial r} = -\frac{\partial P}{\partial z} \tag{3.10}$$

上式は圧力勾配力と粘性力の局所的なつりあいを表しており，いま対象としている流れの中のすべての位置で成り立つ．

　ニュートンの粘性法則より，粘性応力は速度勾配に比例する．

$$\tau = -\mu \frac{\partial u}{\partial r} \tag{3.11}$$

上述のように $u(r)$ は r の増加とともに減少するから，τ が正になるように負符号を付けた．これを式（3.10）に代入すると次式を得る．

$$\frac{1}{r}\frac{\partial}{\partial r}\left(r\frac{\partial u}{\partial r}\right) = \frac{1}{\mu}\frac{\partial P}{\partial z} \tag{3.12}$$

左辺は r のみの関数，右辺は z のみの関数であり，かつ両辺が等しいため，式の値，例えば $(1/\mu)(\partial P/\partial z)$ は定数といえる．また，偏微分は常微分に置き換えられる．したがって，$(1/\mu)(\partial P/\partial z)$ を定数として上式を積分すると次式を得る．

$$u(r) = \frac{r^2}{4\mu}\frac{dP}{dz} + C_1 \ln r + C_2 \tag{3.13}$$

ここで，C_1 および C_2 は積分定数である．右辺第 2 項は $C_1 \neq 0$ とすると $r=0$ において無限大になるので，速度が有限であるという物理的な制約より $C_1=0$ となる．さらに，境界条件 $u(R)=0$ を適用すると，

$$C_2 = -\frac{R^2}{4\mu}\frac{dP}{dz} \tag{3.14}$$

を得る．よって，速度分布は次式で与えられる（図 3.4）．

$$u(r) = -\frac{R^2}{4\mu}\frac{dP}{dz}\left[1 - \left(\frac{r}{R}\right)^2\right] \tag{3.15}$$

円管内を定常かつ層流状態で流れる非圧縮性流体の速度は放物分布であり，この流れを**ハーゲン-ポアズイユ**（Hagen-Poiseuille）**流**という．$r=0$ において

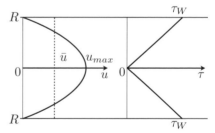

図 3.4　円管内層流速度分布とせん断応力分布

速度は最大となり，その大きさは次式で与えられる．

$$u_{max} = u(0) = -\frac{R^2}{4\mu}\frac{dP}{dz} \tag{3.16}$$

式（3.15）を管断面全体について積分すると体積流量が得られ（章末演習問題参照），体積流量を断面積で除すと断面平均速度が求まる．

$$\bar{u} = -\frac{R^2}{8\mu}\frac{dP}{dz} = \frac{u_{max}}{2} \tag{3.17}$$

断面平均速度は最大速度の半分である．

式（3.15）を式（3.11）に代入するとせん断応力が求まる.

$$\tau = \left(-\frac{1}{2}\frac{dP}{dz} \right) r \tag{3.18}$$

せん断応力は管軸においてゼロで, 壁面に向かって線形的に増加することがわかる. $r = R$ として整理すると壁面せん断応力は次式で与えられる.

$$\tau_W = \frac{8\mu\bar{u}}{D} \tag{3.19}$$

式（3.6）に式（3.19）を代入すると, 管摩擦係数が得られる.

$$\lambda = \frac{64}{\mathrm{Re}} \tag{3.20}$$

ここで,

$$\mathrm{Re} = \frac{\rho\bar{u}D}{\mu} \tag{3.21}$$

は**レイノルズ数**（Reynolds number）と呼ばれる無次元数である.

3.4　平行平板間層流

　図3.5に示すように平板が間隔 H だけ隔てて平行に設置されており, その間に非圧縮性ニュートン流体がある. 初め流体と板はともに静止しているとする. 下の板は固定したまま上の板を右方向（$x>0$ の方向）に一定速度 U で動かすと, 粘着条件のために $z = H$ における流体は板と同速度で流れ始める. 流れは x 方向に際限なく続いているものとすると, 十分に時間が経過したのちには平板間に定常流れが実現

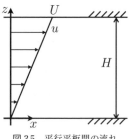

図3.5　平行平板間の流れ

されるだろう. 前節の円管内流れとは異なり, 流れの駆動力は圧力勾配ではなく板がする仕事である.

　この流れに式（3.3）を適用する. 検査体積を x 方向の幅 L, 奥行き（y）方向の幅1, 高さ H の直方体とする. 圧力勾配はないから, 式（3.3）は粘性応力による力のつりあいのみとなる.

$$(\tau S)_+ - (\tau S)_- = \tau(H)L - \tau(0)L = 0 \tag{3.22}$$

よって, 上下の板上の壁面せん断応力は等しい.

$$\tau(H) = \tau(0) = \tau_W \tag{3.23}$$

検査体積の底面を $0 < z < H$ の任意の z にとっても同様に,

$$\tau(H) = \tau(z) \tag{3.24}$$

となるから,せん断応力は z によらず τ_W で一定である.$\tau_W = \tau(z) = \mu du/dz$ より,

$$u(z) = \frac{\tau_w}{\mu} z + C \tag{3.25}$$

を得る.境界条件 $u(0) = 0$ より $C = 0$,$u(H) = U$ より $\tau_W = \mu U/H$ がそれぞれ決まり,結局,

$$u(z) = \frac{U}{H} z \tag{3.26}$$

この流れを一様(単純)せん断流あるいは**クエット流**という.

　本章では検査体積への運動量流出入の収支がゼロの一方向流れを扱った.6章「運動量の法則」では,一方向流れに限定せず,また運動量収支がゼロでないより一般の場合について考える.

3.5 【発展】エネルギー散逸率

　2章で議論したように,流体が運動すると粘性による摩擦が生じ,熱エネルギーに散逸する.3.3節の円管内流れにおける**エネルギー散逸**について考えよう.円管と同一の軸をもつ半径 R' ($< R$),長さ L の円柱状の検査体積を考える.位置 r における微小体積 $rdrd\theta dz$ 内の流体に作用する圧力勾配力は $-(dP/dz)rdrd\theta dz$ で与えられる.流体の速度は $u(r)$ なので,圧力勾配力の仕事率は,$-(dP/dz)rdrd\theta dz \cdot u(r)$ である.検査体積全体について考えると,$-dP/dz \int_0^L \int_0^{2\pi} \int_0^{R'} u(r) rdrd\theta dz = -(2\pi L)dP/dz \int_0^{R'} u(r) rdr$ となる.検査体積側面 $r = R'$ では粘性力により仕事率 $\int_0^L \int_0^{2\pi} u(R')\tau(R')R'd\theta dz = (2\pi R'L)u(R')\tau(R')$ でエネルギーが検査体積内から $r > R'$ の流体に移動する.圧力勾配力による仕事率から粘性力による仕事率を差し引いた残りは,検査体積内で粘性により熱エネルギーに散逸される.そこで,$\Phi(r)$ を単位時間・単位体積当りのエネルギー散逸量(**粘性散逸率**)とすると,

$$-2\pi L \frac{dP}{dz} \int_0^{R'} u(r) rdr - (2\pi R'L) u(R')\tau(R') = 2\pi L \int_0^{R'} \Phi(r) rdr \tag{3.27}$$

左辺第1項を変形すると，

$$-2\pi L\frac{dP}{dz}\int_0^{R'}u(r)\,rdr = -2\pi L\int_0^{R'}\frac{dP}{dz}u(r)\,rdr = 2\pi L\int_0^{R'}\frac{dr\tau}{dr}u(r)\,dr$$

ただし，圧力勾配が定数であること，および式（3.10）を用いた．さらに変形すると，

$$2\pi L\int_0^{R'}\frac{dr\tau}{dr}u(r)\,dr = 2\pi L\int_0^{R'}\left[\frac{dru\tau}{dr}-\tau\frac{du}{dr}r\right]dr$$

$$= (2\pi R'L)u(R')\tau(R') - 2\pi L\int_0^{R'}\tau\frac{du}{dr}rdr$$

これを式（3.32）に戻すと，上式最右辺第1項と式（3.32）の左辺第2項が相殺し，

$$-2\pi L\int_0^{r}\tau\frac{du}{dr}rdr = 2\pi L\int_0^{R'}\Phi(r)\,rdr$$

となる．左辺に $\tau = -\mu(du/dr)$ を代入すれば，

$$2\pi L\int_0^{r}\mu\left(\frac{du}{dr}\right)^2 rdr = 2\pi L\int_0^{r}\Phi(r)\,rdr \tag{3.28}$$

よって，

$$\Phi(r) = \mu\left(\frac{du}{dr}\right)^2 \quad (\geq 0) \tag{3.29}$$

を得る．Φ は必ず正であることに注意しよう．なお，式（3.27）において検査体積断面積を管断面全体にとると，$u(R)=0$ より左辺第2項は消えるので，このとき式（3.27）は圧力勾配による仕事がすべて粘性により散逸されることを表す．式（3.29）に式（3.15），（3.17）を代入すると，$\Phi(r)=8\mu\bar{u}r^2/R^4$ である．

3.4節のクエット流では $du/dz = U/H$ より，$\Phi = \mu(du/dz)^2 = \mu U^2/H^2$ となる．このように散逸率が一様な場合には，速度 U で移動する板が流体にする単位時間当りの仕事 $\tau_W U\Delta x\Delta y$ が検査体積 $H\Delta x\Delta y$ 内で散逸されるとおけば，$\tau_W U\Delta x\Delta y/H\Delta x\Delta y = \mu U^2/H^2$ と簡単に求められる．

演 習 問 題

問題 3.1　力のつりあい式（3.3）を，幅 W の正方形断面を有するダクト内を流れる非圧縮性ニュートン流体の定常な層流に対して適用しなさい．ただし，ダクトは直線的であ

り，水平面からの傾き角は θ とする.

問題 3.2　円管内層流のレイノルズ数が 1000 であった．管摩擦係数を求めなさい.

問題 3.3　円管内層流の壁面せん断応力が断面平均流速に比例することを示しなさい.

問題 3.4　円管内の流れがハーゲン–ポアズイユ流であるとき，体積流量が半径の 4 乗に比例し，また粘度には反比例することを示しなさい.

問題 3.5　半径 a の内円筒と半径 b の外円筒の軸を一致させて二重円筒を形成している.内円筒と外円筒の間に非圧縮性ニュートン流体が定常な層流状態で流れている．力のつりあい式（3.3）を内外円筒間の検査体積に適用し，圧力勾配 $-dP/dz$ と内外円筒上の壁面せん断応力 $\tau_W{}^a$ および $\tau_W{}^b$ の間の関係を導きなさい.

問題 3.6　問題 3.5 の二重円筒内層流について，式（3.3）を微小検査体積に適用して局所的に成り立つ力のつりあい式を導出しなさい．また，速度分布を求めなさい.

問題 3.7　問題 3.6 で求めた速度分布から壁面せん断応力 $\tau_W{}^a$ および $\tau_W{}^b$ を求め，それらを用いて圧力勾配を表しなさい．またその結果を問題 3.5 の結果と比較しなさい.

Chapter 4

色々な流れ

4.1 流体運動の特徴

　流体の力学が固体の力学と大きく異なるのは，流体は容易に形を変えることである．容器の中の水を考えればわかりやすいが，容器の中の流体は容器の形を保っているが，容器の壁を取り除くと流体の形は変わる．したがって，形を変える流体をどのように記述するかに頭を悩ますのである．2章で述べたように，流体の記述には，ラグランジュ的な手法とオイラー的な手法があるが，ここでは，主としてオイラー的な手法を用いて，様々な流れ場をみてみよう．

　まず，みる時刻によって流れの様子が変化するかどうかで，流れを分類してみる．オイラー的記述では，みる場所（空間座標 (x, y, z)）を動かさずに，その場所の速度や圧力などの物理量が変化するかどうかを調べる．そのような時間変化は，以下に示す x, y, z を固定した際の時間微分（偏微分）である．

$$\left(\frac{\partial}{\partial t}\right)_{x, y, z} \tag{4.1}$$

$(\partial / \partial t)_{x, y, z} = 0$ ならば，流れは時間とともに変化しない．このような流れを**定常流**と呼ぶ．一方，$(\partial / \partial t)_{x, y, z} \neq 0$ の流れを**非定常流**と呼ぶ．厳密にいえば，世の中のほとんどの流れは非定常流であるが，流体の小さな変動を無視し，巨視的な流れに着目すれば，流れを定常と扱える場合が多くある．そのため，定常流れを中心に考えてみる．

　定常，非定常の区別は座標系に依存することにも注意する必要がある．静止した流体中を飛行機が一定速度で飛んでいる状況を考えてみよう．飛行機のまわりの流れは，静止している観測者からみれば，飛行機が目の前を通過した瞬間と飛行機が観測者から遠去かった後では，明らかに「同じ場所」の流れの様子は異なるので，非定常流である．しかし，飛行機に乗った観測者からすれば，飛行機か

ら同じ距離だけ離れた場所（飛行機からみて相対的に同じ場所）の状態は変化しないので，定常流として扱うことができる．このため，流体力学では，物体まわりの流れを扱う際には，物体を静止させて一様な流体が物体まわりを流れる様子を扱うことが多いのである．

また，流体が何と接しているかによって流れは大きく異なる．何と接しているかを表現する手段が，境界条件の設定である．動かない固体に接していれば，1章でみたように粘性の影響で固体に接している流体の速度はゼロになるだろう．しかし，速度がゼロということは，どのような流れでも成り立つのだろうか？実は，2章でみた流れの多くでは，粘性の影響が無視されていた．そのような流れの場合，動かない固体に接している意味はどうなるのかを次節で考えてみる．また，3章でみた管内の流れは，いつでも成り立つのだろうか？　それについては，4.3節で考える．海や湖の水面のように気体と接している液体の運動は，どのように扱えばよいのだろうか？　これについては，4.4節と9章で考える．最後に，流体の速度が速くなっても，非圧縮性流体の仮定は成り立つのだろうか？11章では，この点を詳述する．

4.2　完全流体と粘性流体（実在流体）

流体はその形を変える際に，圧力の他にせん断応力を受ける．ニュートン流体の場合には，せん断応力は速度の空間勾配に比例するため，物体近傍の速度勾配が大きな場所で，その影響を強く受ける．しかし，物体まわりの一様な流れを考える場合，物体からある程度離れると，速度勾配は十分小さくなり粘性の影響を実質的には受けなくなる．粘性の影響が及ぶ範囲を**境界層**と呼び，7章および10章で詳述するが，粘性の影響が小さな流れでは，粘性のない理想的な流体として扱ってもよいだろう．このような粘性のない理想的な流体を**完全流体**という．以下では，完全流体による物体まわりの流れの特徴を調べてみよう．

まず，静止した物体（固体）表面での境界条件についてみてみよう．粘性のない流れの制約は，物体表面の速度分布に現れる．完全流体の場合には，粘性に起因するせん断応力は作用しないため，物体表面における流体の接線方向の速度を拘束できない（拘束できないということは，当然接線方向速度をゼロにすることができない）．それでは，どのような条件が課されるのであろうか．物体表面では，表面を貫いて流体の出入りがない．これを速度で表現すると，表面に対して

法線方向の速度 u_n が

$$u_n\;(=\boldsymbol{u}\cdot\boldsymbol{n})=0 \tag{4.2}$$

を満たすことに他ならない（$\boldsymbol{n}$ は単位法線ベクトル）．言い換えると，接線方向には滑りが許されるため，物体表面が流線であるともいえる．物体が動いている場合には，物体に乗った座標系から見た法線方向速度がゼロになることである．い

ま，図 4.1 のように，円柱が x 軸の正の方向に速度 $U(t)$ で並進運動している場合を考えよう．円柱の中心を原点とする移動座標系を定義し，流体の半径方向の速度を u_r とすると，円柱の並進速度の法線方向速度成分は $U\cos\theta$ であるから，流体が円柱を貫かない条件は

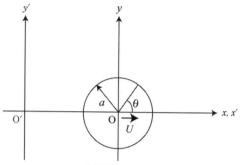

図 4.1　並進運動する円柱：座標系

$$u_r = U\cos\theta \tag{4.3}$$

となる．円柱が静止している（$U=0$）ならば，

$$u_r = 0 \tag{4.4}$$

となる．このような条件を**運動学的境界条件**という．接線方向の速度を拘束できない制約はどのような力学的な問題を生じさせるのだろうか．半径 a の円柱まわりの一様流れを例に考えてみよう．理論の詳細は 9 章で示すが，流線の概略図は図 4.2 のようになる．この流れの特徴は，上下，左右に対称な速度分布となっていることである．このとき，円柱表面での流体の圧力分布は図 4.3 のようになる．横軸は，x 軸の正の方向から測った角度（degree）で，縦軸は次式で示す圧力係数（動圧で規格化した無次元の圧力）である．

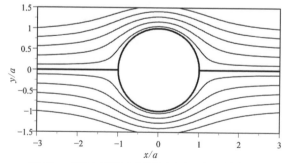

図 4.2　一様流中に置かれた円柱まわりの流れ（完全流体）

$$C_p(\theta) = \frac{2(P(\theta)-P_\infty)}{\rho U^2} \tag{4.5}$$

P_∞は一様流の圧力である．この
図からわかるように圧力分布
は，y軸に対し対称である．圧
力は円柱に対して内向き法線方
向（流体からみると外向き法線
方向）に作用する力であるの
で，x方向に作用する圧力によ
る力F_xは，その対称性から

$$F_x = -\int_0^{2\pi} P(\theta)a\cos\theta d\theta = 0$$

(4.6)

となる．このことは，流れの方
向に円柱に対して力が作用しな

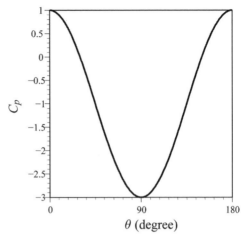

図 4.3 　一様流中に置かれた円柱表面の圧力分布（完全流体）

いことを示しており，実現象と矛盾している．このことを一般化すると，完全流
体では，等速運動している物体に抵抗が作用しないことが証明され，この矛盾を
ダランベール（d'Alembert）の**パラドックス**と呼ぶ．

　粘性の影響を有する実際の円柱まわりの流れの様子を図 4.4 に示す．流れの様
子は，円柱の直径 d，一様流の速さ U，流体の種類に応じて変化する．その変化
を支配する代表的な無次元数は，3.3 節で示したレイノルズ数 Re である．

$$\mathrm{Re} = \frac{\rho U d}{\mu} = \frac{U d}{\nu}$$

(4.7)

ここで，μ は粘性係数，$\nu = \mu/\rho$ は動粘性係数である．流体の運動により生じる圧
力が ρU^2 程度の大きさをもち，せん断応力が $\mu U/d$ 程度の大きさの量であること
を考慮すると，

$$\mathrm{Re} = \frac{\rho U^2}{\mu U/d} = \frac{\rho U d}{\mu}$$

(4.8)

となることから，Re は慣性力（分子）と粘性力（分母）の大きさの比を表してい
ることがわかる．すなわち，重い流体で流速が速ければ慣性力が大きくなり，粘
度の大きな流体が小さな物体まわりを流れていれば，粘性力が大きくなる．10 章
で示すように，Re が等しければ，流れが力学的に相似になる，すなわち，Re が
等しい d，U，ν の無数の組み合わせに対して流れは相似となる．Re が小さい場
合は，図 4.4(a) のように粘性力が支配的な流れとなり，流れはほぼ上下，左右に

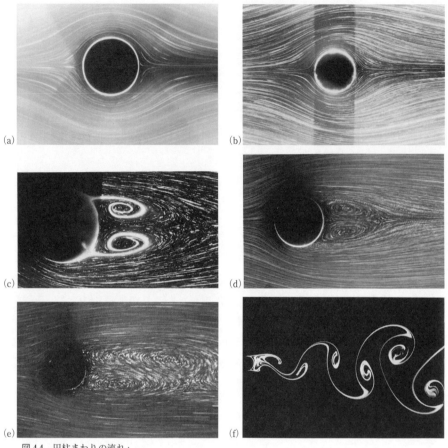

図4.4　円柱まわりの流れ:
　　(a) Re = 0.038, (b) Re = 1.1, (c) Re = 19, (d) Re = 26, (e) Re = 55,
　　(f) カルマン渦（日本機械学会『流れ：写真集』丸善, 1984）

対称となる. Re が徐々に大きくなると, 左右の流れの対称性が崩れてくる. 図
(b)では, 右半分の流線が円柱から下流側に離れていることがわかる. さらに, Re
が大きな図(c)では, 円柱下流の上下に一対の渦（双子渦）が見られ, (d)では上
下にほぼ対称に渦がみられる. さらに, Re が大きくなった(e)では, 円柱後方に
できた渦の位置関係が変化し, 渦が互い違いに並ぶようになる. やがてこの一対
の渦は下流に流され, (f)では, 円柱後方には, 互い違いに並んだ渦列がみられる
ようになる. この渦列を**カルマン**（Karman）**渦**と呼ぶ.
　　このように, 上流側と下流側で非対称な流れ場では圧力分布も非対称となり,

円柱には圧力による抵抗が生じる．この抵抗を圧力抵抗または形状抵抗と呼ぶ．また，こうした非対称な渦放出は，抵抗だけでなく，揚力の変動も引き起こす．さて，上述した渦の生成の源はどこにあるのだろうか．それは，物体の表面近傍の粘性の影響が及ぶ領域内にある．この粘性が及ぶ領域が7章で学ぶ**境界層**である．この領域で速度分布が変化し，流れが物体からはがれる（剥離する）際に，渦が発生する．しかし，粘性の実質的に及ぶ範囲は，Re が大きな場合には，物体表面近傍の境界層と物体の後方の狭い領域（**後流**）に限られる．そのため，境界層の外側では粘性のない流れと考えてもよいと思われる．このような考え方により，物体近傍では粘性のある流れ，その外側では粘性のない流れとして，2つの流れを結合する理論が構築された．この理論が境界層理論であり，詳細は10章で述べる．

4.3　層　流　と　乱　流

3章で一方向流れの例として，クエット流とハーゲン-ポアズイユ流についてみた．この流れは，定常流であり，流れの主流方向の圧力勾配による力と壁面でのせん断応力による力のつりあいから導かれた．定常流は，流れ始めてから十分時間が経過した後の $(\partial/\partial t)_{x,y,z}=0$ の流れである．それでは流れ始めや管の入口での流れはどのようになっているのだろうか．

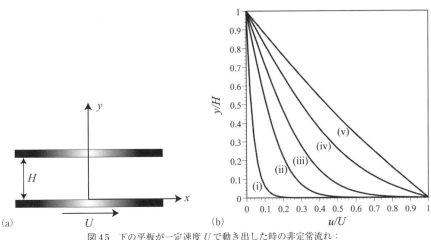

図 4.5　下の平板が一定速度 U で動き出した時の非定常流れ：
(a) 問題の設定，(b) 速度分布

　図4.5のように，静止流体中に2枚の平行な板（2枚の板の距離を H）が x 軸に平行に置かれている状況を考える．ある瞬間（時刻 $t=0$）に下の板が一定速度 U で動き出したとする．このときの y 方向の速度分布の時間変化をみたのが図4.5（b）である．板が動き出した瞬間は，階段状の速度分布であるが，時間が経過するとともに壁面近傍の速度が誘起される．このような速度が生じるのは，粘性の影響により，流体が下の板の運動に引きずられていくためである．図4.5（b）をみてみると，（ i ）の時刻では，上の板の近傍の流体の速度はゼロに近いが，時間が（ ii ），（ iii ），（ iv ）と進むにつれて，下の板が動いた影響は上の板の方に広がっていく．この現象は運動量の拡散現象である．粘性の影響が有効な距離を δ と定義すると，$\delta \sim \sqrt{\nu t}$ であることが知られている（7章参照）．すなわち，$t \to \infty$ となり，δ が十分大きくなり，上の板まで粘性の影響が及んだ状態が定常状態なのである．その結果，（ v ）のように2枚の板の間の速度分布は直線になる．したがって，現象を支配する代表的な時間スケールを T とするとき，境界層の厚さ δ は，$\sqrt{\nu T}$ と見積もることができる．

　この考えを入口近くの円管内流れに適用してみよう．一様速度 U の流体が，円管に流入する状況を考えよう．図4.6 からわかるように，流入した直後は管の内壁による粘性の影響がほとんど流体に及ばないため，管軸方向の流体の速度は，管の半径方向に対して平坦な分布となる．下流に行くにつれて壁面の影響により壁面近傍の流体の速度は減速されるが，質量の保存性から壁面から離れた部分の流体の速度は速くなるため，しだいに中央部が速い台形のような速度分布になる．十分に下流では，粘性の影響が管中央部まで及んだ2次曲線の速度分布が形成される．この状態が，定常のハーゲン–ポアズイユ流である．先に述べたように $\delta \sim \sqrt{\nu t}$ と見積もれること，管の入口から下流の距離 x の位置まで流体が流れるのに要する時間が，x/U と見積もれることに注意すると，管内の境界層の厚さは，$\delta \sim \sqrt{\nu x/U}$ と見積もれる．δ が管の直径程度（$\delta \sim d$）に発達した状態が，境界層が管内部まで広がった状態であることから，十分に流れが発達した状態では，以下の

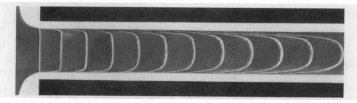

図4.6　助走区間（日本機械学会『流れ：写真集』，丸善，1984）

関係が得られる.

$$d \sim \sqrt{\frac{\nu x}{U}} \tag{4.9}$$

この式を変形すると

$$\frac{x}{d} \sim \mathrm{Re} \tag{4.10}$$

が導かれる. 実際, 管内の最大速度が, ハーゲン–ポアズイユ流の速度の95%となる入口からの距離 X は

$$\frac{X}{d} \sim \frac{\mathrm{Re}}{30} \tag{4.11}$$

となる[1]. このように流れが十分発達するまでに要する距離 X を**助走距離**という.

ハーゲン–ポアズイユ流がどのような状態まで適用できるのか考えてみる. 19世紀にレイノルズは管内の流れについて, 図4.7のような実験を行った. この実験は, 円管の中央部に色素を流し, 管の流量に応じて色素がどのように流れるか見たものである. 流量が少ない場合には, 色素は管の中央部を1本の筋のように流れた. この流れが3章で学んだ**層流**の流れである. しかし, 流量を増やしていくと途中までは整然と流れるが, その後間欠的な乱れが現れるようになり, さらに流量を増加させると流れは非常に乱れたものとなった. このような流れを**乱流**と呼ぶ. 乱れが流量の増加とともに増加することは, 管径と流体の種類が同じであることから, Re が増加するにつれて乱れが増大することを示している. このことからわかるように, 管内の流れが層流に保たれるのは, ある臨界 Re までの範囲であることが予想される. しかし, 3章で得られたハーゲン–ポアズイユ流の速度

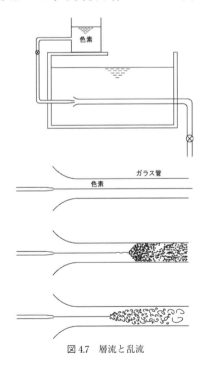

図4.7 層流と乱流

[1] D. J. Tritton : *Physical Fluid Dynamics*, Van Nostrand Reinhold 1977

分布は，10章で述べられる粘性流体の運動方程式であるナビエ-ストークス
（Navier-Stokes）方程式の厳密解であるため，解は Re によらない．すなわち理論
的には，ハーゲン-ポアズイユ流はすべての Re で実現可能な流れである．それに
もかかわらず現実には流れが乱流に遷移するのはどのような理由によるのだろう
か？　それは，ハーゲン-ポアズイユ流を導く際の仮定の破たんによる．ハーゲン
-ポアズイユ流を導く際には，一方向流れを仮定していた．すなわち，流れは管軸
方向（x方向）の成分のみを有しており，それ以外の方向の速度成分はゼロと仮
定していた．しかし，現実の流れでは，管に流体が流入する際の乱れ，管壁の粗
さなどによる乱れのため，x方向以外の速度成分が必ずしもゼロにならない．そ
のため，この乱れによる成分が大きくなると一方向流れは実現されなくなり，乱
れが支配的な乱流へと遷移するのである．それでは，どの程度まで層流が維持さ
れるのであろうか．多くの実験によると実用上は Re〜2300 程度までが層流とい
われている．しかし，前述したように乱れを十分抑えることができれば，さらに
大きな Re まで層流が実現できることが報告されている[2]．なお，物体まわりの乱
流については7章で，管内乱流については5章と10章で学ぶ．

4.4 【発展】自由界面での境界条件

　水面のような変形する界面はどのように扱うのか考えてみよう．1つ目の方法
は，水面の位置をその位置での流体の速度で追跡するものである．これが，2章
で述べたラグランジュの方法である．これは，水面の位置ベクトルを $\boldsymbol{r}=(x(t),$
$y(t), z(t))$ とするとき，

$$\frac{D\boldsymbol{r}}{Dt}=\boldsymbol{u} \tag{4.12}$$

の微分方程式を解くことにより得られる．もう1つの方法は，各時刻における水
面の形状を表す関数 $F(t, x, y, z)=0$ を決めることである．いま，時刻 t における
水面の形が

$$F(t, x, y, z)=0 \tag{4.13}$$

と書けるとき，δt 秒後においても，F が水面であるための条件は，

$$F(t+\delta t, x+u\delta t, y+v\delta t, z+w\delta t)=0 \tag{4.14}$$

[2] W. Pfenniger, : Transition in the inlet length of tubes at high Reynolds numbers. In *Boundary Layer and Flow Control*（ed. G. Lachman），pp. 970-980. Pergamon（1961）．

である．ここで，水面は，速度 $\boldsymbol{u} = (u, v, w)$ で動いていることに注意されたい．式（4.14）を展開すると，

$$F(t+dt, x+u\delta t, y+v\delta t, z+w\delta t)$$

$$= F(t, x, y, z) + \left(\frac{\partial F}{\partial t} + u\frac{\partial F}{\partial x} + v\frac{\partial F}{\partial y} + w\frac{\partial F}{\partial z}\right)\delta t + O(\delta t^2) \tag{4.15}$$

であるから，式（4.14）から式（4.13）を引いて δt で割り，$\delta t \to 0$ の極限を取れば

$$\frac{DF}{Dt} = \frac{\partial F}{\partial t} + u\frac{\partial F}{\partial x} + v\frac{\partial F}{\partial y} + w\frac{\partial F}{\partial z} = 0 \tag{4.16}$$

を満たす必要があることがわかる．これが波のように変形する水面や 2 つの異なる流体の界面における運動学的境界条件である．波の運動は流体の質量保存式と運動方程式を式（4.16）とともに解けば求められる．これについては 9 章で学ぶ．

演 習 問 題

問題 4.1　静止流体中を円柱が一定の速度 U で並進運動している．このとき円柱前方のよどみ点の圧力 P_s は，どのように表されるか．ただし，静止流体の圧力を P_0，密度を ρ とする．

問題 4.2　Re 数の物理的な意味を簡潔に述べなさい．

問題 4.3　助走距離と粘性との関連について述べなさい．

問題 4.4　式（4.16）の特別な場合として，式（4.2）が導かれることを示しなさい．

問題 4.5　半径 R の球形気泡の界面が時間とともに変化するときの運動学的境界条件を示しなさい．

Chapter 5

管路における圧力損失

　管路は流体輸送の基本要素である．ある地点1から別の地点2に流体を移動させる場合，2章で導出したベルヌーイの定理を用いれば，2点間の圧力差により輸送できる流体の流量を計算できる．しかしながら，配管系には管路壁面摩擦や管路断面積の拡大・縮小，曲がりなどに伴う圧力損失が生じるため，これらを適切に考慮しなければ妥当な計算結果は得られない．

5.1　ダルシー–ワイスバッハの式

　上流の点1と下流の点2の間に次のエネルギー保存式が成り立つ．

$$P_1 + \frac{\rho u_1^2}{2} + \rho g z_1 = P_2 + \frac{\rho u_2^2}{2} + \rho g z_2 + \sum_i \Delta P_i \tag{5.1}$$

ここで，ΔP_i は第 i 番目の損失要因における圧力損失を表す．この式は下流側の流体のエネルギーが上流側よりも圧力損失分だけ低いことを表している．一般に，ΔP_i は動圧と比例係数 ζ_i を用いて次のように表される．

$$\Delta P_i = \zeta_i \frac{1}{2} \rho u_i^2 \tag{5.2}$$

ζ_i を損失係数という．直管における摩擦圧力降下

$$\Delta P_f = \lambda \left(\frac{L}{D}\right) \frac{1}{2} \rho u^2 \tag{5.3}$$

の場合，ζ は管摩擦係数 λ により次式で与えられる．

$$\zeta = \lambda \frac{L}{D} \tag{5.4}$$

ここで，D は管内径，L は管路長である．高地から低地への位置エネルギー差を利用した液体輸送や，ポンプを用いた高所への揚液などでは，式（5.1）の両辺を

ρgで割り，各項を単位重量当りのエネルギー，すなわちヘッド（水頭ともいう．単位は m）で表した形式を用いると便利である．

$$\frac{P_1}{\rho g}+\frac{u_1^2}{2g}+z_1=\frac{P_2}{\rho g}+\frac{u_2^2}{2g}+z_2+\sum_i h_i \tag{5.5}$$

式（5.3）より摩擦損失のヘッド h_f は，次式で表せる．

$$h_f=\lambda\left(\frac{L}{D}\right)\frac{u^2}{2g} \tag{5.6}$$

式（5.6）を**ダルシー–ワイスバッハ**（Darcy-Weisbach）**の式**という．圧力，速度および位置ヘッドの和を基準線からの高さとして描画したものをエネルギー線という（図5.1）．損失がなければエネルギー線は水平であるが，図の例では壁面摩擦による損失や，急拡大や弁における損失によってエネルギー線が下降することを模式的に表している．

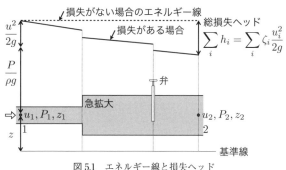

図 5.1　エネルギー線と損失ヘッド

5.2　層流と乱流の摩擦損失

管摩擦係数は流れの状態（層流・乱流）に依存する．流れがどちらの状態にあるかはレイノルズ数 Re から判断できる．すなわち，Re が臨界レイノルズ数 Re_c 未満であれば層流，それ以上であれば乱流である．円管内流れでは Re_c は概ね 2300 である．管への流体導入時に乱れがないように注意すれば，より高い Re_c を実現できることが知られているが，実用上 $Re_c=2300$ と考えて差し支えない．一般に，λ は Re と円管内壁の粗さを表すパラメータ ε/D の関数として与えられる．

$$\lambda=f(Re,\,\varepsilon/D) \tag{5.7}$$

ここで，ε は円管内壁の不規則な凹凸の平均高さであり，例えば市販鋼管では 0.05 mm 程度である．ε/D を**相対粗さ**という．

層流の λ は 3 章で示したとおり層流速度分布から理論的に導出でき，次式で与えられる．

$$\lambda = \frac{64}{\text{Re}} \tag{5.8}$$

層流では，ε/D の影響は小さく，管の種類によらず上式が使えると考えてよい．

　レイノルズ数が高くなると流れは不安定となって速度変動が生じるが，管壁近傍では乱れの小さい粘性力が支配的な層が形成される．これを**粘性底層**という．上述のように，層流の場合，λ は相対粗さによらない．乱流の場合でも，厚み δ_l の粘性底層によって壁面の凹凸が完全に覆われるならば，λ は相対粗さによらず Re のみの関数となる．このように粗さの無視できる状態を流体力学的に滑らかという．表面の凹凸が粘性底層から完全に突き抜ける状態を流体力学的に粗いという．このとき，λ は表面粗さのみに依存し，レイノルズ数にはよらなくなる．これは，流れの抵抗が粘性力ではなく凹凸によって生じる形状抗力に支配されることによる（形状抗力については7章参照）．以下では流体力学的という言葉を省略して単に滑らか，粗いと書く．滑らかさの指標として次式を利用できる．

$$\text{Re}_\varepsilon < 5：滑らか$$
$$\text{Re}_\varepsilon > 70：粗い$$
$$その間：中間領域 \tag{5.9}$$

ここで，

$$\text{Re}_\varepsilon = \frac{u^* \varepsilon}{\nu} \tag{5.10}$$

は壁面摩擦速度 $u^* = \sqrt{\tau_W/\rho}$ および ε を各々代表速度および長さにとったレイノルズ数である．なお，u^* については10.8節で学ぶ．

　滑らかな場合の λ には次の実験式が利用できる．

$$\lambda = \begin{cases} \dfrac{0.3164}{\text{Re}^{1/4}} & (\text{Re} = 3000 \sim 10^5)（ブラジウスの式）\\[3mm] 0.0032 + \dfrac{0.221}{\text{Re}^{0.237}} & (\text{Re} = 10^5 \sim 3 \times 10^6)（ニクラーゼの式）\\[3mm] [2\log(\text{Re}\sqrt{\lambda}) - 0.8]^{-2} & (\text{Re} = 3 \times 10^3 \sim 3 \times 10^6)（カルマン-ニクラーゼの式） \end{cases} \tag{5.11}$$

ブラジウス（Blasius）の式からは円管内乱流速度分布を概ねよく表した1/7乗則が得られる．

$$u(y) = u_{max}\left(\frac{y}{R}\right)^{1/7} \tag{5.12}$$

ここで，yは壁面からの距離である．粗い場合の実験式には次のカルマン（Karman）の式がある．

$$\frac{1}{\sqrt{\lambda}} = 1.14 - 2\log\left(\frac{\varepsilon}{D}\right) \tag{5.13}$$

中間領域ではコールブルック（Colebrook）の実験式が利用できる．

$$\frac{1}{\sqrt{\lambda}} = -2\log\left(\frac{\varepsilon/D}{3.71} + \frac{2.51}{Re\sqrt{\lambda}}\right) \tag{5.14}$$

中間領域と粗面の境界はおよそ $Re\sqrt{\lambda}\,(\varepsilon/D) = 200$ である．

図 5.2 は，管摩擦係数をレイノルズ数と相対粗さの関数として表示した**ムーディー**（Moody）**線図**である．線図を使うと計算する必要がなく，また与えられたレイノルズ数と相対粗さの付近で管摩擦係数がどのように振る舞うのかも視覚的に把握できるので便利である．

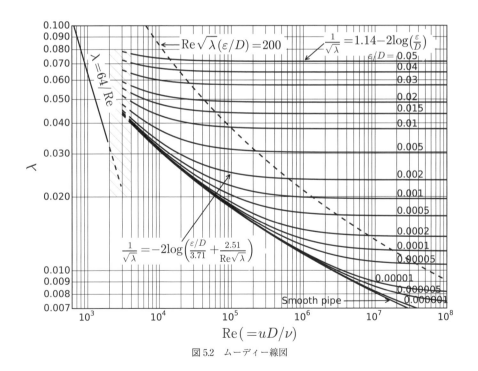

図 5.2　ムーディー線図

5.3　局所圧力損失

5.3.1　拡大と縮小

図5.3のように断面積 S_1 の円管が断面積 S_2 の円管に接続された急拡大管における損失を考える．急拡大による圧力損失を ΔP_s とすると，上流側円管1と下流側円管2の間に次のエネルギー保存式が成り立つ．

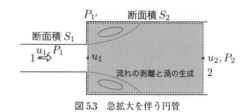

図5.3　急拡大を伴う円管

$$P_1 + \frac{\rho u_1^2}{2} = P_2 + \frac{\rho u_2^2}{2} + \Delta P_s \tag{5.15}$$

一方，検査体積を急拡大直後1′から2の間にとり，運動量保存則（3.1節参照）を適用すると，$W = \rho u_1 S_1 =$ 一定なので次の運動量保存式を得る．

$$\rho u_1 S_1 (u_1 - u_2) + P_1 S_2 - P_2 S_2 = 0 \tag{5.16}$$

急拡大直後の環状部 $S_2 - S_1$ における圧力は P_1 に近いはずだから，$P_{1'} = P_1$ とおけば，

$$\rho u_1 S_1 (u_1 - u_2) + (P_1 - P_2) S_2 = 0 \tag{5.17}$$

となる．式（5.15）に式（5.17）を代入して ΔP_s について解くと次式を得る．

$$\Delta P_s = \left[1 - \left(\frac{S_1}{S_2}\right)\right]^2 \frac{\rho u_1^2}{2} \tag{5.18}$$

よって，急拡大の損失係数 ζ_s は次式で与えられ，管路を構成する管断面積の比によって決まる．

$$\zeta_s = \left[1 - \left(\frac{S_1}{S_2}\right)\right]^2 \tag{5.19}$$

これをボルダ–カルノー（Borda-Carnot）の式という．本式に補正係数 ξ_s を掛けて実際に合うように調整して用いる．

$$\zeta_s = \xi_s \left[1 - \left(\frac{S_1}{S_2}\right)\right]^2 \tag{5.20}$$

流路が狭くなる急縮小の場合は同様の手順により次の損失係数 ζ_c を得る．

$$\Delta P_c = \zeta_c \frac{\rho u_2^2}{2} \tag{5.21}$$

$$\zeta_c = \left[\frac{1}{C_c} - 1\right]^2 \tag{5.22}$$

ここで，収縮係数 $C_C = S'/S_2$ は図 5.4 にあるように流路縮小後の剥離領域の幅に依存する量である．いくつかの値を表 5.1 に示しておく．

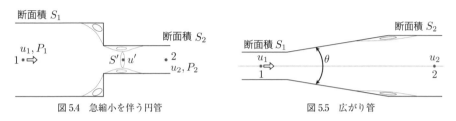

図 5.4 急縮小を伴う円管   図 5.5 広がり管

表 5.1 急縮小による局所損失係数[1]

S_2/S_1	0.1	0.2	0.3	0.4	0.5	0.6	0.7	0.8	0.9	1.0
C_C	0.61	0.62	0.63	0.65	0.67	0.70	0.73	0.77	0.84	1.00
ζ_C	0.41	0.38	0.34	0.29	0.24	0.18	0.14	0.089	0.036	0

　図 5.5 に示すような徐々に断面積を広げていく管を広がり管という．流れ方向の断面積の増加に伴い流速が低下するので，その分圧力が増加する，すなわち動圧が静圧に変換される．このエネルギー変換を利用する拡大管をディフューザという．拡大による動圧低下分をすべて静圧として回収できるわけではなく，急拡大の場合と同様に，

$$\Delta P_d = \zeta_d \frac{\rho u_1^2}{2} = \xi_d \left[1 - \left(\frac{S_1}{S_2}\right)\right]^2 \frac{\rho u_1^2}{2} \tag{5.23}$$

の損失が生じる．ここで，ζ_d は広がり管の損失係数，ξ_d は管の広がり角度 θ に依存する係数である．圧力損失の原因は，拡大部において圧力増加に伴い流れの剥離が生じ，運動エネルギーの一部が粘性摩擦によって散逸してしまうことにある．そこで，ξ_d を小さくするには θ を小さくして剥離域を小さくすることが考えられるが，θ を小さくすると所定の断面積まで拡大するのにその分距離を要する．このため，ξ_d は $\theta \sim 6°$ で最小値 $\xi_d \sim 0.14$ をとり，より小さな θ では ξ_d は 0.2 程度に大きくなる．$\theta > 6°$ では ξ_d は θ の増加に伴い増加する．

[1] 日本機械学会：機械工学便覧，日本機械学会（2014）

5.3.2　入口と出口

　図5.6(a)に示すように，水槽側面に取り付けられた水平円管に水槽から水が流入するような場合，円管の入口で損失が生じる．入口損失係数を ζ_{in} とすると，入口の局所圧力損失は次式で表される．

$$\Delta P_{in} = \zeta_{in} \frac{1}{2} \rho u^2 \tag{5.24}$$

図5.6(a)の場合について，入口損失および管摩擦損失を考慮して1-2（水面-管出口）間でエネルギー保存式をたてると次式となる．

$$z_1 - z_2 = H = \frac{u^2}{2g} + \zeta_{in} \frac{u^2}{2g} + \lambda \frac{L}{D} \frac{u^2}{2g} \tag{5.25}$$

　なお，水槽は十分に大きく水位の時間変化はないものとし，また連続の式より管内と管出口の流速は同じ（$u = u_2$）であることを用いた．入口部が急縮小のように直角に接続されている場合，急縮小における $S_1 \gg S_2$ の場合に相当し，$\zeta_{in} = 0.5$ である．管内に滑らかに流れを導入するほど ζ_{in} は小さくできる．

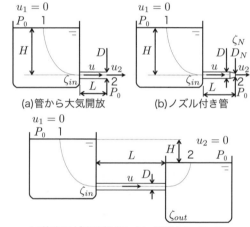

(a)管から大気開放　　　(b)ノズル付き管

(c)管出口が下流側タンクに接続されている

図5.6　管出入口の取り扱い

　図5.6(b)に示すように，管出口にノズルなどの損失要因がある場合は，その圧力損失をエネルギー保存式に考慮する．ノズルの局所損失（$\Delta P_N = \zeta_N \rho u_2^2 / 2$）を加えるとエネルギー保存式は次式となる．

$$H = \frac{u_2^2}{2g} + \zeta_{in} \frac{u^2}{2g} + \lambda \frac{L}{D} \frac{u^2}{2g} + \zeta_N \frac{u_2^2}{2g} \tag{5.26}$$

ここで，連続の式より $u = (D_N/D)^2 u_2$ である．次に，図5.6(c)に示す水槽1から水槽2に管を用いて液体を輸送する場合について考えよう．各水槽内の水面の間で損失を考慮したエネルギーの保存式をたてるとき，管出口と水槽2の接続部における損失を含める必要がある．この接続部は拡大後の断面積が無限に大きい急拡大に相当するから，出口損失はボルダ－カルノーの式（5.19）において $S_1 \ll S_2$

として，

$$\Delta P_{out} = \zeta_{out} \frac{1}{2} \rho u^2 \tag{5.27}$$

$$\zeta_{out} = 1 \tag{5.28}$$

となる．損失係数が1なのは，管から水槽2に入った流れの運動エネルギーがすべて水槽中で粘性散逸し，水槽2の水面では運動エネルギーがゼロになることを表している．管出口の損失（5.27）を考慮して水槽1，2の水面間でエネルギー保存式をたてると次式を得る．

$$H = \zeta_{in} \frac{u^2}{2g} + \lambda \frac{L}{D} \frac{u^2}{2g} + \zeta_{out} \frac{u^2}{2g} \tag{5.29}$$

$\zeta_{out} = 1$ なので上式は図5.6(a)の場合の式（5.25）と同じであることに注意されたい．

5.3.3 ベンドとエルボ

　ベンドとは図5.7(a)のように管を曲げたもので，配管系において流れの向きを変えるために用いられる．ベンドによって向きを変えられる際，管断面内に2次流れと呼ばれる流れが生じるため，ベンドにおける圧力損失 ΔP_b は同じ

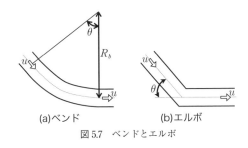

(a)ベンド　　(b)エルボ

図5.7　ベンドとエルボ

長さの直管における摩擦圧力損失に比べて大きくなる．ベンド損失係数 ζ_b（$= \Delta P_b/(\rho u^2/2)$）は3つの無次元数 Re，$R_b/D$，$\theta$（$= L_b/R_b$）の関数として表せる．ここで，$R_b$ はベンド曲率半径，L_b はベンド中心線の長さ，θ は曲がり角である．よって，

$$\Delta P_b = \zeta_b \left(\mathrm{Re}, \frac{R_b}{D}, \theta \right) \frac{1}{2} \rho u^2 \tag{5.30}$$

ベンドの局所圧力損失を直管に対する摩擦圧力損失と2次流れによって付加される圧力損失との和として表すことも多い．

$$\Delta P_b = \left(\lambda \frac{L_b}{D} + \zeta_{b'} \right) \frac{1}{2} \rho u^2 \tag{5.31}$$

ここで，括弧内第1項はベンド内壁面摩擦損失に対する係数，$\zeta_{b'}$ はベンドによる

影響を表す損失係数である.

エルボは図 5.7(b) に示すように曲げられた管の部分のことで, エルボにおける局所圧力損失は次式で与えられる.

$$\Delta P_e = \zeta_e \frac{1}{2} \rho u^2 \tag{5.32}$$

ここで, ζ_e はエルボの損失係数である. エルボは局所的に流れの向きを変えるため, ベンドと違って損失係数に摩擦損失の項がない.

5.3.4 弁

弁は管内の流路面積を局所的に狭くし, 局所圧力損失 ΔP_v を生じさせることにより流量を調整するものである. 代表的なものに仕切り弁やバタフライ弁があり, 流路を狭くするための機構が異なる. いずれの場合も他の局所圧力損失と同様に損失係数を用いて表される.

$$\Delta P_v = \zeta_v \frac{1}{2} \rho u^2 \tag{5.33}$$

5.3.5 分岐と合流

管の分岐や合流を伴う配管系では, 流れの分岐・合流に起因した圧力損失が生じる. 図 5.8(a) では, 主管の上流 1,

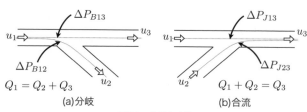

(a)分岐 (b)合流
$Q_1 = Q_2 + Q_3$ $Q_1 + Q_2 = Q_3$

図 5.8 分岐と合流

下流 3 の間に分岐点があり, 点 2 の方に流れが分岐している. このとき, 分岐による損失は上流 1 の動圧を基準として次のように表される.

$$\Delta P_{B13} = \zeta_{B13} \frac{1}{2} \rho u_1^2 \tag{5.34}$$

$$\Delta P_{B12} = \zeta_{B12} \frac{1}{2} \rho u_1^2 \tag{5.35}$$

ここで, 下付き添字 $B13$ および $B12$ は点 1 から各々点 3 および 2 の間での損失を意味する. 図 5.8(b) の合流管の場合も同様に,

$$\Delta P_{J13} = \zeta_{J13} \frac{1}{2} \rho u_3^2 \tag{5.36}$$

$$\Delta P_{J23} = \zeta_{J23} \frac{1}{2} \rho u_3^2 \tag{5.37}$$

合流の場合は合流点下流の動圧が基準であることに注意しよう. 分岐, 合流の損失係数は流量比や接合部の幾何的状態等に依存する.

5.4 【発展】複合管路

図 5.9 のように水槽 A, B の水が管路を通して点 J で合流したのち水槽 C に運ばれている状況を考える. 水槽 AC 間および BC 間のエネルギー式は以下のように表される.

$$z_A - z_C = H_{AC} = \left(\zeta_{Ain} + \lambda_1 \frac{L_1}{D_1} + \sum \zeta_{AJ} \right) \frac{u_1^2}{2g} + \left(\zeta_{j13} + \lambda_3 \frac{L_3}{D_3} + \sum \zeta_{JC} + \zeta_{Cout} \right) \frac{u_3^2}{2g} \tag{5.38}$$

$$z_B - z_C = H_{BC} = \left(\zeta_{Bin} + \lambda_2 \frac{L_2}{D_2} + \sum \zeta_{BJ} \right) \frac{u_2^2}{2g} + \left(\zeta_{j23} + \lambda_3 \frac{L_3}{D_3} + \sum \zeta_{JC} + \zeta_{Cout} \right) \frac{u_3^2}{2g} \tag{5.39}$$

式 (5.38) 右辺第 1 項において, 損失係数 ζ_{Ain} で与えられる水槽 A の入口損失と管 1 内の摩擦損失のほか, A-合流 J 間で生じるその他の局所損失 (図では省略しているがベンドや拡大・縮小など) が損失係数の和 $\sum \zeta_{AJ}$ により考慮されている.

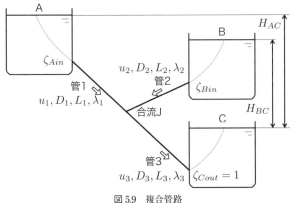

図 5.9 複合管路

合流による損失は右辺第2項で損失係数 ζ_{j13} によって考慮されている．また，損失係数の和 $\sum \zeta_{JC}$ は合流 J–C 間のその他の局所損失の寄与を表している．出口損失係数は $\zeta_{Cout}=1$ である．式（5.39）の各種損失係数も同様である．連続の式より，

$$Q_1 + Q_2 = Q_3 \tag{5.40}$$

が成り立つ．与えられたタンク落差と損失係数のもとで各管を流れる流量を求める場合，これら3つの式を連立して3つの未知の流量を求める．分岐や合流に伴う損失は前述のように複雑であり，管路が長ければ摩擦損失に比べて小さいので無視することが多い．その上で式（5.38），（5.39）の速度を流量で表すと以下の諸式を得る．

$$H_{AC} = k_1 Q_1{}^2 + k_3 Q_3{}^2 \tag{5.41}$$

$$H_{BC} = k_2 Q_2{}^2 + k_3 Q_3{}^2 \tag{5.42}$$

ここで，各係数は次式で与えられる．

$$k_n = \frac{8\lambda_n L_n{}'}{g\pi^2 D_n^5} \text{ for } n = 1, 2, 3 \tag{5.43}$$

L' は次式で与えられる．

$$L' = L + \frac{D}{\lambda}\sum\zeta \tag{5.44}$$

上式第2項は摩擦損失以外の損失を，その損失が摩擦によって生じた場合の長さに換算したもので，相当管長という．摩擦損失以外の損失を無視する目安は $L/D \geqq 2000$ 程度である．例えば $L/D = 2000$，$\lambda = 0.020$ のとき，比較的大きな損失係数 $\zeta = 1$ でも，相当管長比 $(D\zeta/\lambda)/L$ は 2.5% である．

演 習 問 題

問題 5.1　右図に示すように，タンクに溜められた密度 ρ，粘性係数 μ の液体が，タンクに接続された内径 D，長さ L の水平円管の出口 2 から大気中（圧力 P_0）に速度 u_2 で流出している．タンク内水面 1 の圧力は P_0，タンク容量は十分に大きく水位は変わらない，すな

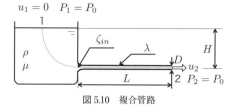

図 5.10　複合管路

わち水面における速度は $u_1 = 0$ とする. 重力加速度は $9.8\,\mathrm{m/s^2}$ とする. (1)円管内径 $25\,\mathrm{mm}$, 長さ $2500\,\mathrm{mm}$, 液体の密度 $1000\,\mathrm{kg/m^3}$, 粘性係数 $0.0020\,\mathrm{Pa\cdot s}$, 1-2 間の高低差 H が $1000\,\mathrm{mm}$ のとき, 損失がないものとして u_2 を求めなさい. (2)入口損失は $\zeta_{\mathrm{in}} = 0.03$, 円管の管摩擦係数は $\lambda = 0.025$ とする. 入口損失と円管の摩擦損失を考慮して u_2 を求めなさい.

問題 5.2 問題 5.1 において, 水平円管が $\varepsilon = 2.5 \times 10^{-4}\,\mathrm{m}$ の粗面管の場合, $\mathrm{Re} = 3 \times 10^4$ で液体を流出させるには H をいくらにすればよいか.

問題 5.3 コールブルックの式は管が十分に滑らかな場合はカルマン-ニクラーゼの式, 十分に粗い管内の高レイノルズ数流れではカルマンの式と等価であることを示しなさい.

問題 5.4 急拡大の局所損失係数が式 (5.19) に従うものとして, 局所損失が上流側の動圧の半分に相当するのは下流側円管の直径 D_2 に対する上流側円管直径 D_1 の比 D_1/D_2 がいくらのときか求めなさい.

問題 5.5 図 5.9 の複合管路において, 以下の条件における管 1, 2, 3 内の体積流量 Q_1, Q_2, Q_3 を求めなさい. ただし, 管路内では摩擦損失のみを考慮すること. $L_1 = 600\,\mathrm{m}$, $L_2 = 200\,\mathrm{m}$, $L_3 = 300\,\mathrm{m}$, $D_1 = D_2 = 100\,\mathrm{mm}$, $D_3 = 150\,\mathrm{mm}$, $H_{AC} = 10\,\mathrm{m}$, $H_{BC} = 5.0\,\mathrm{m}$, $\lambda_1 = \lambda_2 = 0.025$, $\lambda_3 = 0.020$.

Chapter **6**

運動量の法則

6.1 運動量の法則

図 6.1 のように流れの中にある物体
に働く力について考える．10 章で学ぶ
流れの基礎方程式を適切な初期条件と
境界条件のもとに解くことができれば，
物体表面における流体の圧力および粘
性応力の分布が求められる．これらを

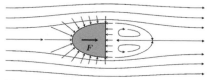

図 6.1　物体のまわりの流れと物体表面における圧
力分布の模式図

表面積分すれば，流体が物体に及ぼす力を決定できる．しかし，基礎方程式の解
を求めることは容易ではない．一方，適切な**検査体積**を設定し，その境界面（**検
査面**）に働く力と通過する流体の運動量を把握できれば，物体のまわりの流れを
詳細に見ることなく，物体が受ける力を求められる場合がある．この考え方は工
学的にはしばしば有用な手段となる．本章では，そのように流れを巨視的にとら
える方法を扱う．

流体力学も通常はニュートン力学の範囲内で論じられる．時間 t と空間 r の関
数としての流速を $u(r, t)$ とする．体積 V_M（M は material の意）の内部にある
物質がもつ運動量のラグランジュ的な時間変化が V_M に働く力の総和 F であるこ
とから，運動方程式は

$$\frac{d}{dt}\int_{V_M}\rho u dV = F \tag{6.1}$$

で表される．ρu は単位体積当りの運動量，u は単位質量当りの運動量の次元をも
っていることを確認しておこう．また，積分領域 V_M は流体とともに移動する時
間の関数であるから，式（6.1）の微分（d/dt）は積分の中に入れられないことに
注意しよう．

　流体は運動とともに変形し，混合や分子拡散をともなう．そのため，流体塊を
ラグランジュ的に追跡し続けることは必ずしも便利な方法ではない．そこで，式
(6.1) の左辺を物体の運動とともに移動する系 V_M ではなく，検査体積 V_C（C は
control volume の意）に着目した記述に書き換える．

　これ以降，検査体積 V_C を固定して考え
る．ある時刻 t に図 6.2 の実線で示す検査
体積 V_C の内部にある流体の運動量の時間
的変化を調べる．着目する流体がしめる体
積を V_M とする．時刻 t には $V_M(t)$ にあっ
た流体が微小な時間 Δt の間に破線で示す

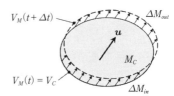

図 6.2　検査体積への相対流れによる運動
　　　　量変化

$V_M(t+\Delta t)$ の体積部分に移動したとする．ラグランジュ表記による運動量の時間
変化は

$$\int_{V_M(t+\Delta t)}\rho u\,dV - \int_{V_M(t)}\rho u\,dV = \Delta t\,\frac{d}{dt}\int_{V_M}\rho u\,dV \tag{6.2}$$

で表される．式 (6.2) は，図 6.2 の関係から，検査体積 $V_C\left(=V_M(t)\right)$ における
運動量の時間変化，V_M の移動にともなって Δt の間に新たに V_C から流出した運
動量 ΔM_{out} と流入した運動量 ΔM_{in} を考慮したオイラー表記

$$\Delta t\int_{V_C}\frac{\partial}{\partial t}(\rho u)\,dV + \Delta M_{out} - \Delta M_{in} \tag{6.3}$$

に等しい．なお，検査体積が移動する場合には，検査体積とともに動く系を扱い，
流速 u としては検査体積の移動速度からの相対速度を考えればよい．

　式 (6.2) 右辺では，V_M は着目する物質とともに移動する時間のみの関数であ
るため，d/dt が使われている．式 (6.3) では，検査体積 V_C は固定されているか
ら体積積分と時間微分の順序は互換であるが，V_C 内の物理量は時間と空間の関数
であるため，$\partial/\partial t$ が使われている．以上，ラグランジュ的な時間変化とオイラー
的な時間変化の記述の違いに注意してほしい．

　運動量の流出・流入を求めるため，検査体積 V_C の表面である検査面 S_C のある
点における外向き単位法線ベクトルを n とする．検査面で流速 u の n 方向成分 u_n
（$=u\cdot n$）は，単位時間・単位面積当り検査体積から相対流れにより流出する体積
に相当する．流入であればその値は負となる．これに単位体積あたりの運動量 ρu
を乗じた $\rho u u_n$ は単位時間・単位面積当りに流出する運動量である．

　単位時間・単位面積あたりの通過量を**流束**（フラックス）という．検査面にお

いて u_n, ρu_n, $\rho u u_n$ はそれぞれ外向きの体積流束 $[\mathrm{m^3/(m^2 \cdot s)}]$, 質量流束 $[\mathrm{kg/(m^2 \cdot s)}]$, 運動量流束 $[\mathrm{(kg \cdot m/s)/(m^2 \cdot s)}]$ である.

　運動量流束を検査体積の表面で積分すれば, 単位時間あたりの検査体積からの運動量の流出量

$$\frac{\Delta M_{\mathrm{out}} - \Delta M_{\mathrm{in}}}{\Delta t} = \int_{S_C} \rho u u_n dS \tag{6.4}$$

となる. これまでに述べた関係から, 物質の移動とともにラグランジュ表示された運動方程式 (6.1) は, 視点を検査体積に固定したオイラー表示

$$\int_{V_C} \frac{\partial}{\partial t}(\rho \boldsymbol{u}) dV + \int_{S_C} \rho \boldsymbol{u} u_n dS = \boldsymbol{F} \tag{6.5}$$

に書き換えられる.

　現象を定常と見なすことができる検査体積を設定すれば, 式 (6.5) 左辺第 1 項の被積分関数が 0 であるから

$$\int_{S_C} \rho \boldsymbol{u} u_n dS = \boldsymbol{F} \tag{6.6}$$

となる. この式は, 定常流れにおいては, 検査面から単位時間に流出する運動量と流入する運動量の差は, 検査体積に作用する力に等しいことを表している. これを**運動量の法則**という.

　模式図 6.3 を用いて運動量の法則の具体的な適用法をみておこう. 流体の密度は一定とする. 図 6.3(a) は, 物体が断面積一定の流路内に固定されている例である. 検査体積に働く主流方向の力としては, 物体による抵抗 D のほか, 上流側と下流側の検査面における圧力, 壁面 (検査面) における摩擦の寄与がある. これらの総和が流出する運動量と流入する運動量の差とつりあう. この場合, 抵抗 D を知るには, 速度, 圧力, 摩擦応力をすべて把握する必要があるが, 物体表面ではなく検査面でこれらを知ればよい. 図 6.3(b) は, 広い空間の一様な流れの中に

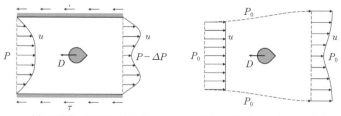

（a）流路内に固定された物体　　　　（b）一様な流れの中にある物体

図6.3　検査体積（破線）内の流体に働く応力と物体の力

物体がある例を示している．検査面のいたるところで同じ圧力（例えば大気圧）とみなすことができ，粘性応力を無視できるほど大きい流管の一部を検査体積とする．運動量の流入と流出は上流側と下流側の断面のみである．下流側の断面は**物体の後流**（流速が物体の影響を受けて変化した物体後方の流れ）の領域をすべて含んで上流側と同じ流量になるように決めればよい．この場合，流入側検査面と流出側検査面で単位時間当りに通過する主流方向の運動量の総和を求めることができれば，その差から物体が流体におよぼす力 D を知ることができる（物体に働く流体抵抗は $-D$ であることに注意）．以上のように，検査体積内の流れを詳細に把握できなくても，検査面での速度や応力の分布から運動量の法則により物体に働く力を求めることができる場合がある．ただし，適切な検査体積を設定するためには，実は流れに対する洞察が不可欠であることは言うまでもない．

本章の範囲内では，検査面上のいくつかの断面で一様に流出または流入する場合を扱うことが多い．このとき，式（6.6）を

$$\sum_{j=1}^{N} (\rho \boldsymbol{u} Q_n)_j = \boldsymbol{F} \tag{6.7}$$

と書いておくと便利である．ただし，添え字 j（$=1, 2, \cdots, N$）は第 j 番目の断面，Q_n は体積流量（断面を単位時間当りに流出する体積）を示す．質量流量 W_n（$=\rho Q_n$）を使用して表現してもよい．

6.2 噴流（ジェット）

ここで扱う流れ場に関しては，流体は非粘性であるとする．したがって固体壁面での摩擦はない．重力の影響も無視できるとする．

図6.4(a)のように，静止した平板に二次元**噴流**（奥行き方向に変化のないスリット状の噴流）が垂直に衝突しているとする．衝突点から十分に離れた位置に境界をもつ検査体積 CV を設定し，検査面の圧力はいたるところ大気圧とみなす．流入条件は，断面1において，断面積は S であり，速度 $(u, 0)$ は噴流の断面内で一様とする．流出側の断面2では断面積 S_2，速度 $(0, u_2)$，断面3では断面積 S_3，速度 $(0, -u_3)$ と表示しておく．噴流が壁に及ぼす力を F とする．

損失のない定常流れに対するベルヌーイの式より，流出する速度の大きさも流入速度の大きさと等しく，$u_2 = u_3 = u$ である．各断面の速度の外向き法線方向成分はそれぞれ $u_{n1} = -u$，$u_{n2} = u$，$u_{n3} = u$ である．連続の式は，各断面での流出流

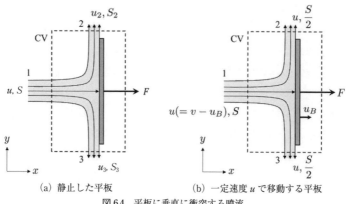

図 6.4　平板に垂直に衝突する噴流

量 Q_n（$=Su_n$）の総和が 0 であることから $Q_{n1}+Q_{n2}+Q_{n2}=0$ である．したがっ
て，断面積には $S=S_2+S_3$ の関係がある．

　検査体積に働く力を (F_x, F_y) とすれば，式（6.7）の形式にしたがって，運動
量の法則は各方向に対して次のように書くことができる．

$$\left.\begin{array}{l} (\rho u) \times (-Su) + 0 \times (S_2 u) + 0 \times (S_3 u) = F_x \\ 0 \times (-Su) + (\rho u) \times (S_2 u) + (-\rho u) \times (S_3 u) = F_y \end{array}\right\} \quad (6.8)$$

両式の左辺は順に断面 1，2，3 における運動量のそれぞれ x，y 方向成分と流出流
量の積になっている．

　固体壁面では摩擦は発生しないので，$F_y=0$ とおけば $S=S_2+S_3$ の関係から S_2
$=S_3=S/2$ となり，平板に垂直に衝突した噴流は各方向に均等に流れ去るという
当然の結果が得られる．一方，検査体積に加えられた力として $F_x=-\rho u^2 S$ が得ら
れる．噴流が壁に及ぼす力 F はその反作用であるから

$$F=\rho u^2 S \quad (6.9)$$

が得られる．

　次に，図 6.4(b) のように，x 方向に一定速度 u_B で移動する平板に断面積 S，流速
v（$\geqq u_B$）の x 方向の二次元噴流が衝突しているとする．静止した空間で観察する
と，定常流れに対するベルヌーイの式や運動量の法則を適用することはできない．
そこで，平板とともに動く座標系で検査体積 CV を設定し，定常な相対流れを扱
う．噴流の相対流速は u（$=v-u_B$）である．衝突点から十分に離れた検査面では
圧力はいたるところ大気圧であるから，定常流れに対するベルヌーイの式より，
断面 2，3 から流出する速度の大きさも u である．検査体積 CV では，図 6.4(a) と

同様の扱いにより，式（6.7）の運動量の法則から流体にかかる力は $F_x = -\rho(v - u_B)^2 S$，$F_y = 0$ であるから，噴流が平板に及ぼす力 $F\ (= -F_x)$ は次のようになる．

$$F = \rho(v - u_B)^2 S \tag{6.10}$$

式（6.9）は式（6.10）の $u_B = 0$ の場合にほかならない．平板が噴流から受ける動力（仕事率）$P_w = F u_B = \rho(v - u_B)^2 u_B S$ で与えられる．動力の最大値 P_{wmax} は，$dP_w/du_B = 0$ から

$$u_B = \frac{v}{3}\ \text{のとき}\ P_{wmax} = \frac{4}{27}\rho v^3 S \tag{6.11}$$

となる．

　図 6.5 のように，断面積 S_1 の直管に断面積を $S_2\ (<S_1)$ に縮小させるノズルが接続され，密度 ρ の流体が大気に流量 Q で流出しているとする．このとき，ノズルを囲む検査体積 CV

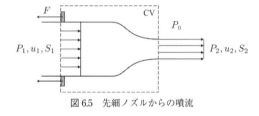

図 6.5　先細ノズルからの噴流

に運動量の法則を適用する．直管断面の流速を u_1，圧力を P_1 とする．連続の式

$$Q = S_1 u_1 = S_2 u_2 \tag{6.12}$$

により，出口流速は $u_2 = (S_1/S_2)u_1$ となる．また，出口断面の圧力は大気圧 $P_2 = P_0$ と見なされる．ベルヌーイの式

$$P_1 + \frac{1}{2}\rho u_1^2 = P_2 + \frac{1}{2}\rho u_2^2 \tag{6.13}$$

により，ゲージ圧 $P_{1G}\ (= P_1 - P_0)$ が得られる．直管断面以外の検査面はすべて大気圧であるとしてよい．したがって運動量の法則は

$$\rho Q(u_2 - u_1) = P_{1G} S_1 - F \tag{6.14}$$

と記述され，ノズルをつなぎとめておくために必要な力の大きさは

$$F = \frac{1}{2}\rho Q^2 \frac{(S_1 - S_2)^2}{S_1 S_2^2} \tag{6.15}$$

となる．これはノズルの内壁に加わる力の大きさとは同じではない．ノズルを保持するために必要な力と流体がノズルの内壁におよぼす力の違いについて，読者自身で考察してほしい．

　ジェットエンジンを搭載した航空機が一定の速さ u_B で水平に飛行しているとする．図 6.6 のように，ジェットエンジンを囲み，航空機とともに水平移動する検

査体積 CV を設定する．空気取り入
れ口から相対流速 u（$=u_B$），質量
流量 W_{in} で流入する空気に対して，
質量流量 W_f の燃料を加えて燃焼さ
せ，燃焼ガスを相対速度 w で噴出さ
せる．ここでは添加される燃料の運
動量を無視する．

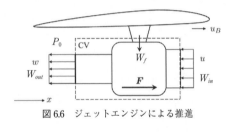

図6.6　ジェットエンジンによる推進

図 6.6 の検査面ではいたるところ大気圧 P_0 とする．連続の式より，流入する質量流量 W_{in} と流出する質量流量 W_{out} の間には $W_{out} = W_{in} + W_f$ の関係がある．流体に作用する x 方向の力を F_x とすると，式（6.7）の運動量の法則は $W_{out} \times (-w) - W_{in} \times (-u) = F_x$ で表される．この反作用として，エンジンは x 方向に

$$F = (W_{in} + W_f)w - W_{in}u \tag{6.16}$$

の推進力を得る．この例では，排気の密度が不明であるため，上式のように質量流量を使っている．

噴流が物体におよぼす力や噴流による推進力に対する適用例からわかるように，運動量の法則は流体に関連する機械装置の設計において，性能を満たすためのおおよその規模や流量を決定するためにたいへん有用である．

6.3　角運動量の法則

運動方程式とは独立に角運動量方程式が成り立つ．体積 V_M の内部にある物体が有する運動量のラグランジュ的な時間変化を表す運動方程式（6.1）と同様の考え方で角運動量方程式は

$$\frac{d}{dt}\int_{V_M} \boldsymbol{r} \times (\rho \boldsymbol{u})\,dV = N \tag{6.17}$$

で与えられる．ここで，$\boldsymbol{r}$ は定められた基準点からの位置ベクトル，$\boldsymbol{r} \times (\rho \boldsymbol{u})$ は単位体積当りの角運動量，N（$= \boldsymbol{r} \times \boldsymbol{F}$）は V_M の内部にある物体に作用する力のモーメントの総和である．式（6.1）～（6.6）とまったく同じ考え方で，流れを定常とみなすことのできる検査体積に対しては，式（6.17）は

$$\int_{S_C} \boldsymbol{r} \times (\rho \boldsymbol{u})\,u_n dS = N \tag{6.18}$$

となる．式（6.6）に対応して，式（6.18）は**角運動量の法則**であり，定常流れに

おいては，検査体積の検査面 S_C から単位時間に流出する角運動量と流入する角運動量の差は，検査体積に働く力のモーメントに等しいことを表している.

本章の範囲内では断面内の角運動量が一様であると近似することが多いので，これを扱うため，運動量の法則（6.7）と同様に角運動量の法則を

$$\sum_{j=1}^{N}[\boldsymbol{r}\times(\rho\boldsymbol{u})\,Q_n]_j=N \tag{6.19}$$

と書いておく．ただし，r_j は j 番目の断面の中心点に対して定める.

具体例として，傾斜平板に衝突する噴流について運動量の法則と角運動量の法則を適用してみる．図 6.7 のように，密度 ρ の液体の二次元噴流が摩擦のない平板に θ の角度をなして衝突し，2 方向に分かれて流れ去る．重力の影響は無視できるとする．噴流の流速を

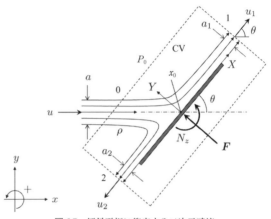

図 6.7 傾斜平板に衝突する二次元噴流

u，幅を a，奥行き方向の幅は l（断面積は $S=al$）とする．衝突前の噴流の中心軸と平板表面が交わる点 x_0 を原点として平板に沿って X，平板に垂直に Y の座標を設定する．一様な流入・流出と見なすことのできる程度に点 x_0 から十分に離れた位置に検査面をもつ検査体積 CV を設定する.

検査面はいたるところ大気圧であるから，ベルヌーイの式より，$u=u_1=u_2$ となり，検査面を流入，流出する流速に変化はない．各断面を通過する流量をそれぞれ $Q=ual$, $Q_1=ua_1l$, $Q_2=ua_2l$ で表すと，連続の式 $Q=Q_1+Q_2$ より，噴流の幅には $a=a_1+a_2$ の関係がある.

運動量の法則により平板を支える力を求める．検査体積に加わる力としては，いたるところ大気圧である検査面の圧力の寄与は 0 であるから，平板を支える力のみを考慮すればよい．運動量の法則は X, Y 方向に対してそれぞれ

$$\begin{aligned}
\rho u(ua_1l)+(-\rho u)(ua_2l)+(\rho u\cos\theta)(-ual)&=F_X\\
0\cdot(ua_1l)+0\cdot(ua_2l)+(-\rho u\sin\theta)(-ual)&=F_Y
\end{aligned} \tag{6.20}$$

と書くことができる. 摩擦のない壁面に沿って流体は力を受けないので, $F_X = 0$ から $a_1 - a_2 = a \cos \theta$ となる. したがって, 分岐後の噴流の幅は次のようになる.

$$a_1 = \frac{1 + \cos \theta}{2} a, \quad a_2 = \frac{1 - \cos \theta}{2} a \tag{6.21}$$

一方, Y 方向の運動量の法則から, 平板が検査体積の流体に及ぼす力は $F_Y = \rho u^2 al \sin \theta$ となる. 次に, 角運動量の法則により, 点 $\boldsymbol{x}_0$ で平板を支える力のモーメント $N_z \boldsymbol{e}_z$ ($\boldsymbol{e}_z$ は板面上向きの単位ベクトル) を求める. 検査面の圧力の寄与の総和が 0 だから, N_z に対する圧力の寄与も 0 である. 断面 1, 2 から流出する側は, 中心軸を通る線が点 $\boldsymbol{x}_0$ からそれぞれ $a_1/2$, $a_2/2$ の距離にあるため角運動量を有している. 点 $\boldsymbol{x}_0$ を中心として図の反時計回り方向を正とする角運動量の法則は次のように記述される.

$$\left(-\rho u \frac{a_1}{2} \right)(ua_1 l) + \left(\rho u \frac{a_2}{2} \right)(ua_2 l) + (\rho u \cdot 0)(-ual) = N_z \tag{6.22}$$

式 (6.22) に式 (6.21) を考慮すれば次のようになる.

$$N_z = -\frac{1}{2} \rho u^2 (a_1^2 - a_2^2) l = \frac{1}{2} \rho u^2 a^2 l \cos \theta \tag{6.23}$$

このような力のモーメントを要しない F_Y の作用点 $X = X_F$ は, $N_z = X_F F_Y$ から

$$X_F = -\frac{1}{2} a \cot \theta \tag{6.24}$$

で与えられる.

　次に**軸対称流れ**を考える. 軸対称とは, 円筒座標の半径方向, 周方向, 軸方向の単位ベクトルをそれぞれ $\boldsymbol{e}_r$, $\boldsymbol{e}_\theta$, $\boldsymbol{e}_z$ とするとき, 速度ベクトル $\boldsymbol{u} = u_r \boldsymbol{e}_r + u_\theta \boldsymbol{e}_\theta + u_z \boldsymbol{e}_z$ の各成分 (u_r, u_θ, u_z) が θ 方向に変化しないことである. 流体のもつ中心軸まわりの角運動量は単位体積あたり $\boldsymbol{r} \times (\rho \boldsymbol{u}) = \rho r u_\theta \boldsymbol{e}_z$ である. 軸対称流れでは, 円筒の側面での運動量ベクトルは θ 方向に変化するが, 中心軸まわりの角運動量への寄与は変わらない. したがって, 円筒の側面を単位時間あたりに流出する角運動量は

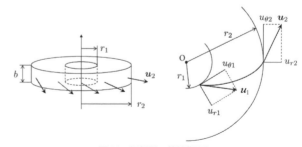

図 6.8　円板間の軸対称流れ

$$r \times (\rho u) Q = \rho r u_\theta Q e_z \tag{6.25}$$

で表される.

図 6.8 のように,2 枚の円盤が間隔 b で同軸に置かれており,その間を密度 ρ の流体が軸対称に半径 r_1 の断面から速度 $u_1 = u_{r1}e_r + u_{\theta1}e_\theta$ で流入し,半径 r_2 の断面から速度 $u_2 = u_{r2}e_r + u_{\theta2}e_\theta$ で流出している.半径 r の円筒面(検査面)を通過する流量は $Q = 2\pi r b u_r$ は,連続の式より半径 r にかかわらず一定である.断面 1 から断面 2 までの区間の流体に働く中心軸まわりのトルク N_z は,角運動量の法則から

$$N_z = \rho(r_2 u_{\theta2} - r_1 u_{\theta1}) Q \tag{6.26}$$

となる.上式より,この区間を通過する流体にトルクが加わらない状態は

$$u_\theta = \frac{C}{r}, \quad C : \text{const.} \tag{6.27}$$

であり,周方向速度分布は図 6.9(a)のようになる.これを**自由渦**という.上式によると $r = 0$ において u_θ は無限大となる.しかし,現実には粘性摩擦のため,周方向速度が無限大になることはない.より現実に近い簡便な渦モデルとしては,図 6.9(b)のようにコア半径 r_c の内側の**強制渦** $u_\theta \, (\propto r)$ と周囲の自由渦 $u_\theta (\propto 1/r)$ を組み合わせた**ランキン渦**が代表的である.

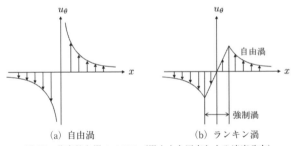

(a) 自由渦   (b) ランキン渦

図 6.9 代表的な渦のモデル(渦中心を原点とする速度分布)

6.4 【発展】流体機械概論

流体を介してエネルギーの授受を行う機械を**流体機械**と総称する.狭義には,流体の物性をほとんど変えず,内部エネルギーをほとんど介さないものを指す.流体機械は,①エネルギー伝達方向,②作動流体,③作動方式により分類される.

エネルギー伝達方向の観点からは,機械から流体にエネルギーを伝達する**被動機**,流体から機械にエネルギーを伝達する**原動機**,さらにそれらの複合機に分類

される．作動流体としては液体，気体のほかに混相流体がある．作動方式では，容積形とターボ形に大別される．容積形の流体機械では，往復するピストンや回転するベーンの表面圧力を介して流体にエネルギーが伝達され，流れは間歇的になる．**ターボ機械**では，翼表面の圧力分布を介して流体にエネルギーが伝達される．ターボ形は，連続的にエネルギー変換を行うので，大量の流体を扱うのに適している．

液体用被動機の代表は**ポンプ**である．気体用被動機は，吐き出し圧力の高低により**圧縮機，送風機，ファン**に分類される．原動機の代表は**水車**や**風車**などの**タービン**である．

本書では流体機械を網羅的に解説することを目的としないので，関心のある読者は入門書[1]，教科書[2]または便覧類[3, 4]を参照してほしい．ここでは，圧縮性がほとんど問題にならない範囲で気体を扱う軸流型の代表として風車（原動機）とファン（被動機），遠心型の水力機械の代表として遠心ポンプ（被動機）とタービン（原動機）の概要を説明する．その際，内部流れの詳細に立ち入るのではなく，運動量の法則，角運動量の法則により作動原理を理解することを試み，流れを巨視的にとらえる考え方が設計において有用であることを示す．

6.4.1 風車とファン

流体機械は流体との間でエネルギーの授受をともなうため，これを通過する流線上でベルヌーイの式をそのままの形で用いることはできない．機械が流体に与える動力を P_w とする．被動機では $P_w > 0$ であり，原動機では $P_w < 0$ である．これによって流体の全圧は

$$\Delta P = \frac{P_w}{Q} \tag{6.28}$$

だけ変化する．ただし，Q は体積流量である．流線上の位置 1，2 の間にある流体機械によるエネルギーの授受に相当する**全圧**の増減 ΔP（または**全ヘッド**の増減 $\Delta h = \Delta P / \rho g$）の増減を考慮してベルヌーイの式を拡張した**エネルギー式**は以下のようになる．

[1] ターボ機械協会編：ターボ機械 入門編（改訂新版），日本工業出版（2005）
[2] 山本 誠・太田 有・新関良樹・宮川和芳：流体機械—基礎から応用まで—，共立出版（2018）
[3] 日本機械学会編：機械工学便覧 基礎編 γ2「流体機械」，丸善（2007）
[4] 大橋秀雄ほか編：流体力学ハンドブック，朝倉書店（1998）

$$\left[P + \frac{1}{2}\rho u^2 + \rho gz\right]_1 + \Delta P = \left[P + \frac{1}{2}\rho u^2 + \rho gz\right]_2 \tag{6.29}$$

プロペラは有限枚数の回転翼列で構成されており，これを通過する流れは回転面で非定常かつ非一様である．しかし，工学的には，回転面の前後の差を巨視的に把握する方法も有用である．そこで，通過する流体との間で一様にエネルギーを授受する機能を有する作動円板に置き換えて考える．これを**アクチュエーターディスク**という．

図 6.10 のように，水平軸のまわりに回転するプロペラをもつ風車を考え，回転面をアクチュエーターディスクとして扱う．風速 u_1 の一様な流れに向けて垂直に設置された回転面の面積を S，回転面を通過する軸方向の流速を u_b とする．回転面外周を通る流線群から成る流管において，風車から十

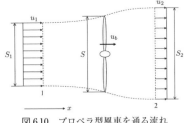

図 6.10　プロペラ型風車を通る流れ

分に離れた上流断面 1 から 下流断面 2 までの区間を検査体積とする．検査面はいたるところ大気圧 P_0 であるとする．また，流管の断面の流れは一様であるとする．断面 1，2 の面積をそれぞれ S_1，S_2 とする．連続の式により，流量は

$$Q = S_1 u_1 = S u_b = S_2 u_2 \tag{6.30}$$

で表される．気流が回転面を通過する際に動力を与えるから，回転面の上流（＋）側と下流（－）側では圧力差 $P_+ - P_-$ が生じる．これによって風車が受ける力 $F = (P_+ - P_-)S$ は，

$$P_0 + \frac{1}{2}\rho u_1{}^2 = P_+ + \frac{1}{2}\rho u_b{}^2, \quad P_0 + \frac{1}{2}\rho u_2{}^2 = P_- + \frac{1}{2}\rho u_b{}^2$$

より

$$F = \frac{1}{2}\rho S(u_1{}^2 - u_2{}^2) \tag{6.31}$$

となる．一方，検査体積に運動量の法則を適用すれば，流体が回転面に及ぼす力は

$$F = \rho S u_b(u_1 - u_2) \tag{6.32}$$

である．式 (6.31)，(6.32) から，通過速度は $u_b = (u_1 + u_2)/2$ であり，風車に与えられる動力 $P_w = F u_b$ は，速度比を $e = u_2/u_1$ とすれば

$$P_w = \frac{\rho}{4} S u_1^{3} (1+e)^2 (1-e) \tag{6.33}$$

となる．この式は，風況の良い場所（u_1 が大きい）に大型の風車（S が大きい）を建設することが有利であることを示している．また，単位時間あたり断面積 S を通過する風の運動エネルギー $K = \rho S u^3/2$ との比である風車の効率 $\eta = P_w/K$ の最大値は 16/27（約 60％）となる．こればベッツ（Bets）の限界効率として知られている．

　風車とは逆に，動力 P_w を与えて気流を発生させる装置がファンや送風機である．この場合は，回転面を通過する気流の全圧が P_w/Q だけ上昇し，図 6.10 とは反対に上流側よりも下流側で断面積が縮小する流管となる．

6.4.2　遠心羽根車

　図 6.11 は**遠心ポンプ**の**羽根車**（インペラー）の模式図である．図 6.11(a)のように，回転軸に円盤（ハブ）が固定され，ハブには翼列，さらにその先に側板（シュラウド）が取り付けられた形式である．回転により，ハブとシュラウドの間の液体に遠心力が与えられる．これにより，羽根車の内側円筒面から流入した液体は，回転しながら半径方向に移動し，外側円筒面から流出する．そこで，羽根車の入口から出口までを検査体積 CV として，角運動量の法則を用いて羽根車が液体に与えるエネルギーを算出してみる．羽根車を通る流れは非常に複雑であるが，ここでは理想化して，羽根車高さ b，半径 r の円筒面（面積 $2\pi rb$）では一様な軸対称流れであり，流れ方向は完全に羽根に沿っているとする．図 6.11(b)は，流入面 1 および流出面 2 における絶対速度 v，回転周速度 u（$=r\omega$），相対速度 w

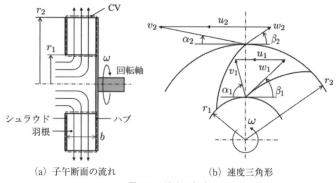

(a) 子午断面の流れ　　　　　(b) 速度三角形

図 6.11　遠心羽根車

の関係を示している.これを**速度三角形**という.相対流れは常に羽根の角度 β を向いているとする.これに対して,絶対流れと周方向のなす角を α とする.連続の式より,羽根車内の流量

$$Q = 2\pi r b v \sin \alpha \ (= 2\pi r b w \sin \beta) \tag{6.34}$$

は半径 r にかかわらず一定である.流体が羽根車を通過する間に受けるトルク T は,角運動量の法則から

$$T = \rho(v_2 r_2 \cos \alpha_2 - v_1 r_1 \cos \alpha_1)Q \tag{6.35}$$

である.このとき,羽根車の回転のために必要な動力 $P_w = T\omega$ は

$$P_w = \rho(v_2 u_2 \cos \alpha_2 - v_1 u_1 \cos \alpha_1)Q \tag{6.36}$$

である.なお,一般に遠心ポンプへの流入は予旋回なし($\alpha_1 = 90°$)に近い.流体機械と流体との間で単位時間・単位体積あたり授受されるエネルギーはヘッドに換算することができる.これを H_{th} で表すと,単位時間あたりのエネルギー(仕事率)である動力 P_w とヘッドとは $P_w = \rho g H_{th} Q$ の関係があるから

$$H_{th} = \frac{1}{g}(v_2 u_2 \cos \alpha_2 - v_1 u_1 \cos \alpha_1) \tag{6.37}$$

で表される.これを理論ヘッド(**理論揚程**)または**オイラーヘッド**という.

次に図 6.11 の形状の流路における逆向きの流れを考える.予め旋回を与えられた液体が外側円筒断面 $r = r_2$ から角度 β_2 をもって羽根車に衝突なく流入し,内側円筒断面 $r = r_1$ から流出する.羽根車は流体の作用を受けて回転する.角運動量の法則から,この間のトルクは式(6.35),動力は式(6.36)で表され,符号はポンプと逆になる.このような原動機を**水車**(または水力タービン)といい,図 6.11(ただし流れの方向は逆)は**フランシス水車**に属する形式である.

なお,羽根車をポンプ(被動機)ではインペラーというのに対して水車(原動機)ではランナーという.電力需要が高い時間帯にはタービンとして作動させるが,余剰電力がある時間帯には同じ羽根車をポンプに用いて揚水することがある.このような施設を揚水発電所といい,水の位置ヘッドとしてエネルギーを貯蔵することができる.

演 習 問 題

問題 6.1　密度 ρ の液体の流速 v, 体積流量 Q の二次元噴流が，角度 α だけ傾いた摩擦のない平板によって分割されている．平板に沿う流量を Q_1，衝突前の流れとは β の角度で分かれる流量を Q_2 とする．

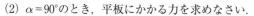

(1)　α と β の間には次の関係があることを示しなさい．

$$\cos(\alpha+\beta) = \cos\alpha - \frac{Q_1}{Q_2}(1-\cos\alpha)$$

(2)　$\alpha = 90°$ のとき，平板にかかる力を求めなさい．

問題 6.2　窓枠に厚みの無視できる平板のフィン列を鉛直方向にピッチ t で並べたブラインドフェンスを設置した．フィンは水平に対して角度 β だけ傾いている．フェンス面に対して，角度 α で風が当たり，平板に平行に流出している．空気の密度は ρ である．上流側，下流側の速度をそれぞれ $\boldsymbol{u}_1 = (u_1, v_1)$，$\boldsymbol{u}_2 = (u_2, v_2)$，両者の平均を $\bar{\boldsymbol{u}} = (\boldsymbol{u}_1 + \boldsymbol{u}_2)/2$ で表す．フィン 1 枚（奥行方向単位長さ）当りに働く力 $\boldsymbol{R} = (R_x, R_y)$ を求め，$\boldsymbol{R}$ は $\bar{\boldsymbol{u}}$ に直交することを示しなさい．（なお，α，β は図の説明のために使用した記号であり，解答で用いる必要はない）

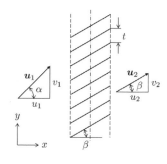

問題 6.3　右図のようなスプリンクラー（散水器）がある．密度 ρ の水が角運動量をもたずに回転軸から 2 本の放水ノズルに均等に供給される．回転軸は鉛直方向，ノズルは水平面内にある．回転半径（回転軸からノズル出口の中心までの距離）を R，流出方向が半径方向となす角度を θ，出口断面積を S とする．ノズル 1 本当りの流量を Q，軸の回転角速度を Ω とする．

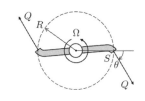

(1)　スプリンクラーが摩擦なく回転できるとき，その角速度を求めなさい．

(2)　スプリンクラーの回転を止めるために必要なトルクを求めなさい．

問題 6.4　水噴流によって水車が駆動されている．水の密度 ρ は一定であり，水噴流は x 方向に一定の流速 v，断面積 S である．ここでは，羽根車の回転角速度 ω は一定であり，水車を通過した後の水流は常に流速 v_2 で x 方向に対する角度 β にて羽根車から遠ざかる

とする．また，水噴流は，常に位置 A において，x 方向に $u = R\omega$ で移動するバケット（曲面板）に衝突し，バケットとともに移動する系から見た相対流れは拡大図（右）のように半径方向に曲げられるとする．以下の問いに対して，ρ, v, u, S のうち必要な記号を用いて答えなさい．

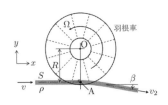

(1) 水噴流が羽根車に及ぼす x, y 方向の力 F_x, F_y をそれぞれ求めなさい．

(2) 水噴流が羽根車に与える動力（仕事率）P_w を求めなさい．

(3) 水噴流が羽根車を通過した後の流速 v_2 および角度 β を求めなさい．

バケットに対する相対流れ

A部拡大図

Chapter 7

物体まわりの流れと物体に作用する力

　流れの中に物体が存在する場合，もしくは流体中を物体が移動する場合，物体まわりには物体と流体の相対運動に起因する流速分布，圧力分布が形成され，物体表面には速度勾配に起因する粘性応力（**表皮摩擦**）と圧力が作用し，その表面積分が物体に作用する力 F となる．したがって，F は粘性応力に起因する成分 F_μ と圧力に起因する成分 F_P の和である．また，F はベクトルであるから，物体に対する流体の相対運動の方向（流れ方向成分）とそれに直交する成分に分離でき，前者を**抗力** F_D，後者を**揚力** F_L と呼ぶ．F_D のうち粘性応力に起因する成分を**摩擦抵抗**（または摩擦抗力）といい，圧力に起因する部分を**圧力抵抗**（圧力抗力），もしくは**形状抵抗**（形状抗力）という．粘性応力は壁面近傍の速度勾配に依存し，圧力分布は物体形状に依存する流れの変化に強く関係するため，本章では物体まわりの流れの特性と物体に作用する力について解説する．

7.1　境　　界　　層

　摩擦抵抗は物体表面の速度勾配により生じる粘性応力に起因する．ここでは速度 U の一様流中に流れに沿って置かれた平板上に形成される速度分布に着目する．図 7.1 に示すように，壁面上では流体の粘性により速度はゼロとなる．壁から離れるにしたがって速度は増加し，一様流の速度に近づき，十分遠方の速度は U となる．4.3 節でも触れたように，この物体表面の存在により速度が変化する領域を**境界層**という．一方，速度が U と等しい領域を**主流**という．境界層の定量的定義は，壁面近傍の流速が主流速度の 99 ％（または99.5 ％）未満の領域である．この領域の厚さを**境界層厚さ**という．境界層内では速度

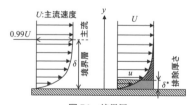

図 7.1　境界層

勾配が大きく，その結果，粘性応力がゼロにならない（1.3節参照）．一方，主流
では速度勾配がなく，粘性応力もないため，非粘性流れとして扱える．

　境界層厚さに関しては，壁面の存在による速度低下により境界層がない場合
（壁面まで速度がUであった場合）に比べて少なくなった流量（流量欠損）や運
動量（運動量欠損）に着目して定義することもある．平板上の2次元流れでは，
壁からの距離をy，流れ方向の速度を$u(y)$とすると，流量欠損ΔQは次式で与
えられる．

$$\Delta Q = \int_0^\infty (U-u)\,dy \tag{7.1}$$

一定速度UでΔQと同じ流量となる厚みを**排除厚さ**δ^*と呼ぶ．

$$\delta^* = \frac{\Delta Q}{U} = \int_0^\infty \left(1-\frac{u}{U}\right)dy \tag{7.2}$$

同様に，平板上の2次元流れの運動量欠損ΔMは次式で表される．

$$\Delta M = \int_0^\infty \rho u\,(U-u)\,dy \tag{7.3}$$

一定速度UでΔMと同じ運動量になる厚みを**運動量厚さ**δ^+と呼ぶ．

$$\delta^+ = \frac{\Delta M}{\rho U^2} = \int_0^\infty \frac{u}{U}\left(1-\frac{u}{U}\right)dy \tag{7.4}$$

　図7.2は一様流中に設
置された平板の前縁から
の境界層の発達の様子を
示している．平板前縁で
は，一様流が平板に接触
し，壁面では速度がゼロ

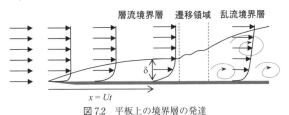

図7.2　平板上の境界層の発達

となるが，壁面以外では一様流の速度のまま流動し，境界層厚さはゼロである．
下流に進むにしたがい，速度の速い（運動量の大きい）主流側の流体と速度の低
い（運動量が小さい）壁面近傍の流体間で粘性応力による相互作用により速度勾
配の緩和（運動量勾配の緩和＝運動量の拡散）が進み，境界層厚さδが増加する．
すなわち，平板前縁からのδの増加は，運動量の拡散による．拡散が進む度合い
は拡散係数により表され，流体の運動量の拡散係数は動粘性係数$\nu\,[\mathrm{m^2/s}]$であ
り，（拡散距離）^{2}/（拡散に要する時間）の次元をもった量である．境界層において
は，運動量拡散距離はδで代表されるため，拡散に要する時間をtとすれば以下

の見積もりができる.

$$\nu \sim \frac{\delta^2}{t} \ \rightarrow \ \delta \sim \sqrt{\nu t} \tag{7.5}$$

一様流中の流体粒子を考え,流体が平板前縁にいた時刻を $t=0$ とすると,平板前縁からの距離 x に流体粒子が到達する時刻 t は $x \sim Ut$ と見積もれる.したがって,

$$\delta \sim \sqrt{\frac{\nu x}{U}} \tag{7.6}$$

と書ける.すなわち,U が大きいほど,また ν が小さいほど境界層は薄い.

　平板前縁付近では境界層内の流れは層流であるが,下流に流れるにしたがい乱流へと遷移し,δ は層流の場合に比べて増大する.一様流の速度 U と前縁からの距離 x をそれぞれ代表速度と代表長さとしてレイノルズ数 $\mathrm{Re} = Ux/\nu$ を定義すると,層流から乱流へ遷移するレイノルズ数(**臨界レイノルズ数**)は $10^5 \sim 10^6$ 程度である.

　境界層では速度勾配があるため壁面近傍において粘性応力が発生し,物体は流体から力を受ける.物体表面の速度勾配に起因する抵抗を**表皮摩擦抵抗**という.速度勾配の大きさは

$$\frac{\partial u}{\partial y} \sim \frac{U}{\delta} \tag{7.7}$$

と見積もれる.したがって,壁面の面積を S とすれば,粘性により生じる力 F_μ は

$$F_\mu \sim \mu \frac{U}{\delta} S \tag{7.8}$$

と見積もれる.式(7.6)を代入して整理すれば次式を得る.

$$F_\mu \sim \frac{1}{\sqrt{\mathrm{Re}}} \rho U^2 S \tag{7.9}$$

一方,表皮摩擦抵抗は次式で整理される.

$$F_\mu = C_\mu \frac{1}{2} \rho U^2 S \tag{7.10}$$

ここで,C_μ は表皮摩擦係数である.したがって,層流境界層では C_μ は $\mathrm{Re}^{-1/2}$ に比例する.乱流境界層および遷移域では δ が式(7.6)よりも厚くなるため,C_μ は Re の範囲に応じた実験式で整理されることが多い.たとえば,長さ L の平板に対しては次式がある($\mathrm{Re} = UL/\nu$).

$$C_\mu = \begin{cases} \dfrac{1.328}{\sqrt{\text{Re}}} & (\text{Re}<3\times10^5) \\[2mm] \dfrac{0.074}{\text{Re}^{0.2}} & (5\times10^5<\text{Re}<10^7) \\[2mm] \dfrac{0.455}{(\log_{10}\text{Re})^{2.58}} & (10^7<\text{Re}) \end{cases} \qquad (7.11)$$

7.2　凸曲面に沿う流れ

　壁面が凸面である場合，凸部の頂点までは流れは加速され，頂点より下流では流れが減速する．したがって，ベルヌーイの式（$P+\rho u^2/2=\text{const.}$，重力は無視した）から，$s$ を曲面に沿う流れ方向座標とすると，頂点より上流側では圧力が流れ方向に減少する（$\partial P/\partial s<0$）のに対して，頂点より下流側では圧力が流れ方向に増加する（$\partial P/\partial s>0$：**逆圧力勾配**）ことがわかる．頂点より下流側の壁面近傍では，流れは逆圧力勾配により減速する方向に力を受けるため，下流に行くにしたがい速度が低下する．$\partial P/\partial s$ が大きい場合，速度（慣性力）の低い壁面近傍では逆向きに流れ始める．逆流が発生した場合，壁に沿う流線を描くと壁面で $\partial u/\partial y=0$ となる点で流線が壁から離れる．このように壁に沿う流線が壁から離れることを**剥離**，離れる位置を**剥離点**という（図7.3）．

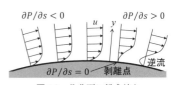

図7.3　凸曲面に沿う流れ

7.3　抗　　　　力

　抗力 F_D は一様流（速度 U）を堰き止めたときに生じる圧力（動圧）が物体の面積に作用した場合の力を基準として以下の式で表される．

$$F_D = C_D \frac{1}{2}\rho U^2 S \qquad (7.12)$$

ここで，C_D は**抗力係数**，S は物体の代表面積である．S としては，一般的に物体の**投影面積**（流れに直交する平面に物体形状を投影したときの面積）が用いられる．ただし，翼の場合は翼面積が用いられる．前述のように，F_D は物体表面に作

用する圧力と粘性応力に起因するため，F_D は圧力に起因する抗力 F_P（圧力抗力または形状抗力）と粘性応力に起因する摩擦抗力 F_μ の和となる.

　物体まわりの流れの典型例として，図 7.4 に示した定常な一様流中に置かれた円柱まわりの流れを取り上げ，その特徴と C_D の関係を概説する. 物体まわりの流れや C_D は，物体の代表寸法 L（円柱の場合，円柱の直径 d）と一様流の速度 U を用いたレイノルズ数 Re（$=UL/\nu$）で整理できる. 図 7.4 は円柱の C_D と Re の関係を示す. Re＜1 では粘性力が相対的に強く，C_D は Re の増加とともに減少する. このとき，流れは層流で円柱に付着した状態で（剥離せずに）流動する. Re が 5 程度以上では，Re 増加に対する C_D の減少割合が徐々に低下する. この領域では，円柱後方で流れが剥離し，一対の双子渦が形成される. Re が 50 程度以上では，C_D の Re に対する減少割合がさらに低下する. この領域では，円柱背後に**カルマン**（Karman）**渦列**（4.2 節参照）が形成される. さらに高い Re では，C_D は 1〜1.2 で概ね一定である. この領域（$10^3 \lesssim \mathrm{Re} \lesssim 10^5$）では，後流が乱流となる. さらに Re が増加すると C_D は 0.3 程度まで急減する. この際，円柱表面に形成される境界層が剥離点上流で乱流に遷移し，剥離点が円柱後方に移動する. 剥離点移動により円柱背後のよどみ領域が小さくなるため，C_D が急減する. C_D 急減時のレイノルズ数を**臨界レイノルズ数**といい，円柱の場合，Re〜3×10^5 程度である. 一方，流れに垂直な板や角柱などの場合は，剥離点移動が生じないため，C_D の急減は生じない.

　球の C_D は球直径を代表長さに用いたレイノルズ数 Re の関数となる（図 7.5）.

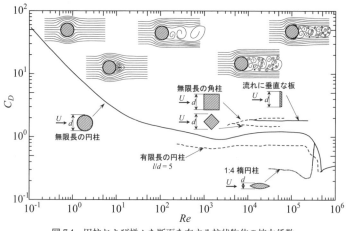

図 7.4 　円柱および様々な断面を有する柱状物体の抗力係数

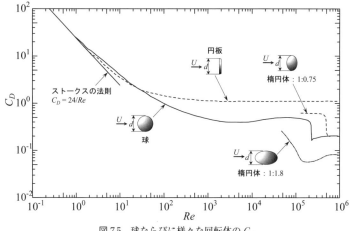

図 7.5　球ならびに様々な回転体の C_D

C_D と Re の関係は円柱の場合と類似しており，C_D は Re<1 では Re^{-1} に比例し，F_D は U に比例する．Re が非常に低く，慣性力が無視できる場合の C_D は，ストークス（Stokes）により理論的に導かれており（**ストークスの法則**，10.5 節参照），次式で表される．

$$C_D = \frac{24}{\mathrm{Re}} \tag{7.13}$$

このとき，F_D のうち形状抗力（圧力抗力）と摩擦抗力の割合は 1：2 である．Re が $10^3 \sim 10^5$ では C_D は概ね一定（0.4〜0.5）となり，F_D は U^2 に比例する．さらに Re が高くなり 2×10^5 程度に達すると，球表面の境界層が乱流に遷移し，剥離点後方移動により C_D は急減する．C_D が急減するまでの Re に適用できる式として，以下の実験式がある．

$$C_D = \frac{24}{\mathrm{Re}}(1 + 0.15\mathrm{Re}^{0.687}) + \frac{0.42}{1 + 42500\mathrm{Re}^{-1.16}} \tag{7.14}$$

　無限に広い空間に満たされた静止流体（密度 ρ，動粘性係数 ν）中を沈降する球（直径 d，密度 ρ_p，体積 $V = \pi d^3/6$）を考える．ただし，$\rho_p > \rho$ である．球に作用する力は，重力 F_G，浮力 F_B および抗力 F_D であり，それぞれ次式で表される．

$$F_G = \rho_p V g \tag{7.15}$$

$$F_B = \rho V g \tag{7.16}$$

$$F_D = C_D \frac{1}{2} \rho U^2 S \tag{7.17}$$

F_G に対して F_B は反対方向，F_D は運動方向と逆向きに作用する．これらの力がつりあった状態（終端状態）では，球は一定速度 U_T で等速運動する．U_T を**終端速度**と呼ぶ．終端状態の力のつりあいは次式となる．

$$0 = F_G - F_B - F_D = (\rho_p - \rho)\,Vg - C_D \frac{1}{2}\,\rho U_T^2 S \tag{7.18}$$

$S = \pi d^2/4$，$V = \pi d^3/6$ を上式に代入すると，

$$U_T = \sqrt{\frac{2(\rho_p - \rho)\,Vg}{C_D \rho S}} = \sqrt{\frac{4(\rho_p - \rho)\,dg}{3\rho C_D}} \tag{7.19}$$

となる．レイノルズ数が十分小さく，ストークスの法則（式（7.13））が成立すれば U_T は次式で与えられる．

$$U_T = \frac{1}{18}\,\frac{\rho_p - \rho}{\rho}\,\frac{d^2}{\nu}\,g \tag{7.20}$$

上式は U_T の測定により流体の粘性係数を測定する場合にも用いられる．

7.4 揚　　力

揚力 F_L は流れに直交する方向に作用する力であり，物体まわりの流れに対称性がない場合に生じることが多い．揚力は抗力と同様に以下の式で表される．

$$F_L = C_L \frac{1}{2}\,\rho U^2 S \tag{7.21}$$

ここで，C_L は**揚力係数**である．物体まわりの流れが非対称になる要因としては，物体形状の非対称性，物体運動の非対称性（回転など）および上流の流れの非対称性などが挙げられる．揚力が発生する最も典型的な例は**翼**である．翼の断面形状（翼型）を記述するパラメータを図7.6に示す．翼内の2点間の距離が最大となる線分を翼弦 L といい，翼弦の上流端を前縁，下流端を後縁という．流れの方向と翼弦のなす角を**迎え角 θ** という．翼の長さは翼長 W という．矩形翼の場合，翼面積は LW で与えられ，翼の抗力および揚力の計算（式（7.12）および式

（7.21））における面積 S に用いられる．迎え角と C_L および C_D の関係を図7.7に示す．翼は揚力の抗

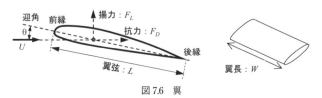

図 7.6　翼

力に対する比（揚抗比）が高い程，性能が良
い．迎え角の増加にしたがい揚力は急激に増
加するが抗力の増加は少なく，揚抗比が高く
なることがわかる．しかし，迎え角が12°程
度から揚力が低下し，抗力が急増する．これ
は，翼の上面で剥離が生じるためであり，**失
速**と呼ばれる．

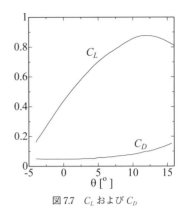

図 7.7　C_L および C_D

7.5　【発展】揚力と循環

　図 7.8 に示す速度 U の非圧縮性流体の一様流中に置かれた翼に作用する揚力 F_L
が翼上下面での圧力差により生じると考える．翼上面および下面の圧力をそれぞ
れ P_u および P_l とすると F_L は次式で近似できる．ただし，$w=1$ としている．

$$F_L = \int_0^L (P_l - P_u)\,dx \tag{7.22}$$

ここで，x は前縁からの距離，L は翼弦長である．また，ベルヌーイの式から次
の関係がある．

$$P_0 + \frac{1}{2}\rho U^2 = P_u + \frac{1}{2}\rho u_u^2 = P_l + \frac{1}{2}\rho u_l^2 \tag{7.23}$$

ここで，P_0 は一様流の圧力，u_u および u_l は翼上面および下面の速度である．式
（7.22）に式（7.23）を代入すると次式が得られる．

$$F_L = \int_0^L \frac{\rho}{2}(u_u^2 - u_l^2)\,dx = \int_0^L \frac{\rho}{2}(u_u + u_l)(u_u - u_l)\,dx \tag{7.24}$$

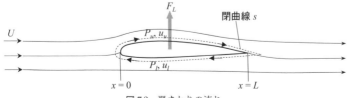

図 7.8　翼まわりの流れ

翼上面では流れが加速し，翼下面では減速すると考えれば，$u_u + u_l \sim 2U$ と見積もれる．したがって，

$$F_L = \rho U \int_0^L (u_u - u_l)\,dx = \rho U \left(\int_0^L u_u dx + \int_0^L u_l dx \right) \tag{7.25}$$

ところで，流れ場内の閉曲線 C に沿って流速 $\boldsymbol{u}$ の接線方向速度を周回積分した量を**循環** Γ という（9.2 節参照）．

$$\Gamma = \oint_C \boldsymbol{u} \cdot d\boldsymbol{s} \tag{7.26}$$

式（7.25）中の $\left(\int_0^L u_u dx + \int_0^L u_l dx \right)$ は翼まわりの循環とみなせるため，次の関係が導かれる．

$$F_L = \rho U \Gamma \tag{7.28}$$

この関係を**クッタ-ジューコフスキー**（Kutta-Joukowski）**の定理**という．クッタ-ジューコフスキーの定理は再度 9 章で学ぶ．

　一定角速度 ω で回転する半径 r の円柱を考えると，円柱表面の速度は $r\omega$ であり周回積分すれば $\Gamma = 2\pi r^2 \omega$ となる．したがって，回転する円柱には揚力が発生する．このように物体の回転により揚力が生じる現象を**マグナス**（Magnus）**効果**と呼ぶ．野球のボールに回転をかけて投げたときにボールがカーブするのもマグナス効果である．

演 習 問 題

問題 7.1　平板上の境界層のレイノルズ数 Re として代表長さに平板先端からの距離 x を用いた（$Re = Ux/\nu$）．代表長さとして境界層厚さ δ を用いたレイノルズ数 Re_δ と Re の関係を導きなさい．

問題 7.2　一定角速度 ω で回転する半径 R の回転円盤に作用する表皮摩擦抵抗が $\omega^{3/2} R^3$ に比例することを示しなさい．ただし，表皮摩擦係数 C_μ は $Re^{-0.5}$（$Re = \omega R^2/\nu$）に比例するものとする．

問題 7.3　質量 1.2 トンの小型飛行機が一定速度 300 km/h で水平飛行するために必要な翼面積を求めなさい．ただし，空気の密度は $1.0\ \mathrm{kg/m^3}$，揚力係数は 0.4，重力加速度は $9.8\ \mathrm{m/s^2}$ とする．

問題 7.4　翼のみの飛行体（質量：M，翼面積：S）が，推力 F_{th} により一定速度 U で水平飛行している．周囲流体の密度を ρ，抗力係数を C_D，揚力係数を C_L，重力加速度を g

とし，U と M/S（翼面荷重）の関係を導きなさい．また，F_{th} と F_g の関係を C_L/C_D（揚抗比）を用いて表しなさい．

Chapter **8**

非粘性流れの基礎方程式

　流体は粘性をもつが，非粘性を仮定した**完全流体**（**理想流体**）の流れ場について従来から広く解析が行われている．本章では，9章で扱う完全流体の流れの基礎式，すなわち**連続の式**（質量保存式）と**運動方程式**を導く．

8.1　連続の式（質量保存式）

　2.6 節では，1 次元流れを対象に質量保存式を説明した．ここではより一般的な表記を得るため，図 8.1 のように，空間に固定した検査体積 V_C に流入，流出する流量を考慮して質量保存を考える．V_C の境界面（検査面積 S_C）上の微小面積要素 dS の外向き法線ベクトルを n とし，その位置での流体の速度ベクトルを $u = (u, v,$

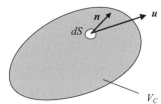

図 8.1　検査体積上の面積要素と速度ベクトル

w）とする．dS から単位時間当り流出する質量流量は，$\rho u \cdot n dS$ と表せる．したがって時刻 t から $t + \Delta t$ の間に V_C から流出する流体の質量の合計 Δm は，次式で与えられる．

$$\Delta m = \Delta t \int_{S_C} \rho u \cdot n dS \tag{8.1}$$

式（8.1）の Δm は，検査体積 V_C 内の質量 $\int_{V_C} \rho dS$ の時刻 t から $t + \Delta t$ の間の減少量である $- \Delta t (\partial/\partial t) \int_{V_C} \rho dV = - \Delta t \int_{V_C} (\partial \rho/\partial t) dV$ に等しいので，

$$\Delta t \int_{V_C} \frac{\partial \rho}{\partial t} dV = - \Delta t \int_{S_C} \rho u \cdot n dS \tag{8.2}$$

上式の両辺を Δt で除し，さらに右辺に対してガウスの発散定理（付録参照）を適用して面積積分を体積積分に変換すると，

$$\int_{V_C} \frac{\partial \rho}{\partial t}\, dV = \int_{V_C} - \operatorname{div} \rho \boldsymbol{u} dV$$

$$\therefore \ \int_{V_C}\left[\frac{\partial \rho}{\partial t} + \operatorname{div} \rho \boldsymbol{u} \right] dV = 0 \tag{8.3}$$

上式中の div は，ベクトルの**発散**で，次式のように表される（付録 B 参照）．

$$\operatorname{div} \rho \boldsymbol{u} = \nabla \cdot \rho \boldsymbol{u} = \frac{\partial \rho u}{\partial x} + \frac{\partial \rho v}{\partial y} + \frac{\partial \rho w}{\partial z}$$

∇ はナブラ演算子，$\nabla = (\partial/\partial x,\, \partial/\partial y,\, \partial/\partial z)$ である．式（8.3）は有限の検査体積に対する質量保存則であり，$V_C \to 0$ の極限を考えると次式となる．

$$\frac{\partial \rho}{\partial t} + \operatorname{div} \rho \boldsymbol{u} = 0 \quad \text{あるいは} \quad \frac{\partial \rho}{\partial t} + \nabla \cdot \rho \boldsymbol{u} = 0 \tag{8.4}$$

この質量保存式を**連続の式**という．

　式（8.4）を別の方法で導出してみよう．上と同じ手続きを，図 8.2 のような 2 次元流れ場内に置かれた x, y 方向に微小長さ Δx, Δy をもつ検査体積 OABC に対して行ってみよう．

　時刻 t から $t + \Delta t$ における領域への質量の流入，流出と領域内の流体の質量変化を考える．図の OA 面か

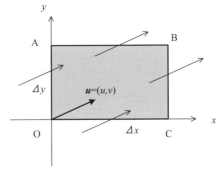

図 8.2　2 次元微小領域を通過する流体の質量保存

ら流入する質量は，速度 (u, v) のうち v 成分は流入に寄与しないので，$\rho u \Delta y \Delta t$ と書ける．同様に，OC 面からの流入には u 成分は寄与しないので，OA, OC 面からの流入は，

$$\text{OA 面：} \rho u \Delta y \Delta t \tag{8.5}$$

$$\text{OC 面：} \rho v \Delta x \Delta t \tag{8.6}$$

となる．次に，BC, AB 面からの流出質量を考える．例えば BC 面上の各点は，OA 面から x 方向に Δx だけ離れているので，関数値の微小増分を考慮する必要がある．したがって，BC, AB 面からの流出質量は以下のように書ける．

$$\text{BC 面：} \left(\rho u + \frac{\partial \rho u}{\partial x} \Delta x \right) \Delta y \Delta t \tag{8.7}$$

$$\mathrm{AB}\ \text{面} : \left(\rho v + \frac{\partial \rho v}{\partial y}\,\Delta y\right)\Delta x \Delta t \tag{8.8}$$

次に，時刻 t と $t+\Delta t$ の間の，領域 OABC の質量変化を考える．2 つの時刻における OABC 内の流体の質量は，

$$\text{時刻}\ t : \rho \Delta x \Delta y \tag{8.9}$$

$$\text{時刻}\ t+\Delta t : \left(\rho + \frac{\partial \rho}{\partial t}\,\Delta t\right)\Delta x \Delta y \tag{8.10}$$

Δt 時間内の OABC の質量変化と流入と流出質量の差を等値すると，

$$\frac{\partial \rho}{\partial t}\,\Delta x \Delta y \Delta t = -\left(\frac{\partial \rho u}{\partial x} + \frac{\partial \rho v}{\partial y}\right)\Delta x \Delta y \Delta t$$

両辺を $\Delta x \Delta y \Delta t$ で除すと，2 次元流れの質量保存式が得られる．

$$\frac{\partial \rho}{\partial t} + \frac{\partial \rho u}{\partial x} + \frac{\partial \rho v}{\partial y} = 0 \tag{8.11}$$

3 次元流れに拡張すると，式 (8.11) は次式となる．

$$\frac{\partial \rho}{\partial t} + \frac{\partial \rho u}{\partial x} + \frac{\partial \rho v}{\partial y} + \frac{\partial \rho w}{\partial z} = 0 \tag{8.12}$$

式 (8.11) と式 (8.12) は，式 (8.4) と同じ形に書き直せる．

$$\frac{\partial \rho}{\partial t} + \mathrm{div}\ \rho \boldsymbol{u} = 0 \tag{8.13}$$

ところで，連続の式 (8.13) は次のように変形できる．

$$\frac{\partial \rho}{\partial t} + u\frac{\partial \rho}{\partial x} + v\frac{\partial \rho}{\partial y} + w\frac{\partial \rho}{\partial z} + \rho\left(\frac{\partial u}{\partial x} + \frac{\partial v}{\partial y} + \frac{\partial w}{\partial z}\right) = \frac{D\rho}{Dt} + \rho\ \mathrm{div}\ \boldsymbol{u} = 0$$

上式において，$D\rho/Dt$ は 2.1 節で述べた密度 ρ の物質微分を表す．非圧縮性流体の場合，$D\rho/Dt = 0$ なので，式 (8.11)〜(8.13) は次式となる．

$$\frac{\partial u}{\partial x} + \frac{\partial v}{\partial y} = 0 \tag{8.14}$$

$$\frac{\partial u}{\partial x} + \frac{\partial v}{\partial y} + \frac{\partial w}{\partial z} = 0 \tag{8.15}$$

$$\mathrm{div}\ \boldsymbol{u} = 0 \quad \text{あるいは}\quad \nabla \cdot \boldsymbol{u} = 0 \tag{8.16}$$

8.2 完全流体（非粘性流体）の運動方程式

6章では，検査体積 V_C に出入りする運動量流束と検査体積内の運動量変化の合計が力 F に等しいことから，運動方程式 (6.5) を導いた．運動方程式 (6.5) を以下に再掲する．

$$\int_{V_C}\left[\frac{\partial \rho u}{\partial t} + \text{div}\,\rho uu\right]dV = F \tag{8.17}$$

ここで，式 (6.5) 左辺第2項（単位時間当り検査体積から流出する運動量）を，ガウスの発散定理を用いて書き直している．式 (8.17) 中の ρuu は運動量流束テンソルで，以下のように表される．

$$\rho uu = \rho\begin{bmatrix} u^2 & uv & uw \\ uv & v^2 & vw \\ uw & vw & w^2 \end{bmatrix} \tag{8.18}$$

また，

$$\text{div}\,\rho uu$$

$$= e_x\left[\frac{\partial}{\partial x}(\rho u^2) + \frac{\partial}{\partial y}(\rho uv) + \frac{\partial}{\partial z}(\rho uw)\right] + e_y\left[\frac{\partial}{\partial x}(\rho uv) + \frac{\partial}{\partial y}(\rho v^2) + \frac{\partial}{\partial z}(\rho vw)\right]$$

$$+ e_z\left[\frac{\partial}{\partial x}(\rho uw) + \frac{\partial}{\partial y}(\rho vw) + \frac{\partial}{\partial z}(\rho w^2)\right]$$

である．e_x, e_y, e_z は，各座標方向の単位ベクトルを表す．

式 (8.17) の右辺の力 F として，流体には主に2種類の力が作用する．まず，重力などのように，流体の質量に比例する力を**体積力**と呼ぶ．また，流体同士がある面上で相互に及ぼしあう，面積に比例する力を**面積力**と呼ぶ．1章で述べた圧力や粘性力は面積力である．ここでは面積力として圧力のみを考慮する．粘性力については10章で説明する．

単位質量当りの体積力をベクトル表記すると，

$$f = f_x e_x + f_y e_y + f_z e_z = (f_x, f_y, f_z) \quad [\text{N/kg}] = [\text{m/s}^2] \tag{8.19}$$

(f_x, f_y, f_z) は体積力の各座標方向成分である．式 (8.19) に密度を乗じると，単位体積当りの体積力を次のように表せる．

$$\rho f = \rho f_x e_x + \rho f_y e_y + \rho f_z e_z \quad [\text{N/m}^3] \tag{8.20}$$

体積力の代表例として重力を考えると，式 (8.19)，(8.20) は，

$$f = g_x e_x + g_y e_y + g_z e_z \tag{8.21}$$

$$\rho f = \rho g_x e_x + \rho g_y e_y + \rho g_z e_z \tag{8.22}$$

と表せる.(g_x, g_y, g_z) は,重力加速度の各座標方向成分を表している.式 (8.17) の力 F として,上述の体積力ならびに検査体積表面の面積要素 dS に作用する圧力(内向き法線方向)の合計を考えると,式 (8.17) を次のように書き直せる.

$$\int_{V_C}\left[\frac{\partial \rho u}{\partial t} + \mathrm{div}\ \rho uu\right]dV = \int_{V_C}\rho f dV - \int_{S_C}P n dS$$

$$= \int_{V_C}[\rho f - \mathrm{grad}\ P]dV = \int_{V_C}[\rho f - \nabla P]dV \tag{8.23}$$

上式において,右辺の圧力の面積積分をガウスの発散定理を用いて体積積分に書き直している.また,$\mathrm{grad}\ P = \nabla P$ は P の勾配ベクトルである.式 (8.23) の検査体積 $V_C \to 0$ の極限を考えると,非粘性流体に対する運動方程式が得られる.

$$\left.\begin{aligned}
&\frac{\partial \rho u}{\partial t} + \mathrm{div}\ \rho uu = -\mathrm{grad}\ P + \rho f \\
&\text{あるいは} \\
&\frac{\partial \rho u}{\partial t} + \nabla \cdot \rho uu = -\nabla P + \rho f
\end{aligned}\right\} \tag{8.24}$$

上式の左辺に連続の式 (8.13) を適用すると,

$$\frac{\partial \rho u}{\partial t} + \mathrm{div}\ \rho uu = \rho\frac{\partial u}{\partial t} + \rho u \cdot \nabla u + u\left(\frac{\partial \rho}{\partial t} + \mathrm{div}\ \rho u\right)$$

$$= \rho\frac{\partial u}{\partial t} + \rho u \cdot \nabla u = \rho\frac{\partial u}{\partial t} + \rho u \cdot \mathrm{grad}\ u \tag{8.25}$$

ここで,

$$u \cdot \nabla u = e_x\left(u\frac{\partial u}{\partial x} + v\frac{\partial u}{\partial y} + w\frac{\partial u}{\partial z}\right) + e_y\left(u\frac{\partial v}{\partial x} + v\frac{\partial v}{\partial y} + w\frac{\partial v}{\partial z}\right)$$

$$+ e_z\left(u\frac{\partial w}{\partial x} + v\frac{\partial w}{\partial y} + w\frac{\partial w}{\partial z}\right)$$

である.式 (8.25) を式 (8.24) に用い,両辺を密度 ρ で除すと,運動方程式として次式を得る.

$$\frac{\partial \boldsymbol{u}}{\partial t} + \boldsymbol{u} \cdot \text{grad } \boldsymbol{u} = -\frac{1}{\rho} \text{grad } P + \boldsymbol{f}$$

あるいは

$$\frac{\partial \boldsymbol{u}}{\partial t} + \boldsymbol{u} \cdot \nabla \boldsymbol{u} = -\frac{1}{\rho} \nabla P + \boldsymbol{f}$$

(8.26)

式（8.26）を非粘性流体に対する**オイラー**（Euler）**の運動方程式**という.

以上の説明では，任意の形状をもつ検査体積を対象としてオイラーの運動方程式を導いた．理解を容易にするため，図8.3に示す2次元流れ場中の検査体積OABCを対象として，オイラーの運動方程式を導いてみよう．まず，OABCに作用する力を求める．図

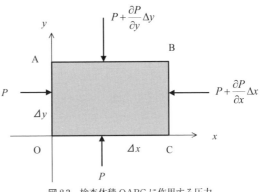

図8.3 検査体積OABCに作用する圧力

の領域の各面には，圧力 P が垂直内向きに作用する．OA 面，OC 面に対抗する BC 面，AB 面では，変位 Δx や Δy に伴う微小変化 $(\partial P/\partial y)\Delta y$ ならびに $(\partial P/\partial x)\Delta x$ を考慮する必要がある．各面に作用する圧力に面積を乗じ，それぞれ加え合わせると，領域OABCに作用する x 方向，y 方向の圧力の合力を求められる．その結果に，体積 $\Delta x \Delta y$ に比例する体積力を加えると，x, y 方向の力 F_x, F_y として，次式が得られる．

$$F_x = -\frac{\partial P}{\partial x} \Delta x \Delta y + \rho \Delta x \Delta y f_x$$

(8.27)

$$F_y = -\frac{\partial P}{\partial y} \Delta x \Delta y + \rho \Delta x \Delta y f_y$$

(8.28)

なお，圧力 P は，実際には OA，OC に沿って連続的に変化する．しかしながら，対向する BC，AB との圧力差を考えるとき，それらの変化に伴う影響は式（8.27）や式（8.28）右辺より微小であるため，無視している．以下の図8.4においても，OA，OC に沿った速度変化を無視している．

次に，領域OABC内の運動量変化を考察する．図8.4のように，OA 面，OC 面から運動量が流入し，対向する BC，AB から運動量が流出する．単位時間当り

OA，OC を通過する質
量は，それぞれ $\rho u \Delta y$ な
らびに $\rho v \Delta x$ で与えられ
る．この値に，単位質量
当りの流体がもつ運動
量，すなわち速度を乗じ
ることで，OA および OC
から流入する x, y 方向
の運動量 $(M_{OA})_x$, $(M_{OA})_y$,
および $(M_{OC})_x$, $(M_{OC})_y$
が求められる．

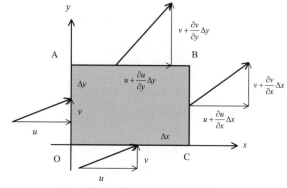

図8.4　検査体積面上での速度

$$(M_{OA})_x = \rho u^2 \Delta y \tag{8.29}$$

$$(M_{OA})_y = \rho uv \Delta y \tag{8.30}$$

$$(M_{OC})_x = \rho uv \Delta x \tag{8.31}$$

$$(M_{OC})_y = \rho v^2 \Delta x \tag{8.32}$$

次に OA，OC に対向する BC，AB から流出する運動量は，密度ならびに速度が
位置の関数であることに留意すると，例えば BC 面から流出する x, y 方向の運動
量は次のように与えられる．

$$(M_{BC})_x = \left[\rho u^2 + \frac{\partial}{\partial x}(\rho u^2) \Delta x \right] \Delta y \tag{8.33}$$

$$(M_{BC})_y = \left[\rho uv + \frac{\partial}{\partial x}(\rho uv) \Delta x \right] \Delta y \tag{8.34}$$

上式と同様に，AB から流出する運動量が求められる．

　流入運動量の式（8.29）〜（8.32）から，対向する面から流出する運動量を差し引
くことにより，単位時間内に領域 OABC 内に流入する x. y 方向それぞれの正味
の運動量は，次のように求められる．

　領域 OABC への運動量の単位時間当たりの流入：

$$x\,方向：-\left[\frac{\partial \rho u^2}{\partial x} + \frac{\partial \rho uv}{\partial y} \right] \Delta x \Delta y \tag{8.35}$$

$$y\,方向：-\left[\frac{\partial \rho uv}{\partial x} + \frac{\partial \rho v^2}{\partial y} \right] \Delta x \Delta y \tag{8.36}$$

　一方，単位時間当り領域内の運動量変化は次のように与えられる．

OABC 内運動量の単位時間当りの変化：

$$x \, 方向：\frac{\partial \rho u}{\partial t} \Delta x \Delta y \tag{8.37}$$

$$y \, 方向：\frac{\partial \rho v}{\partial t} \Delta x \Delta y \tag{8.38}$$

以上の結果を利用して，流体の運動方程式を導く．まず，領域 OABC に作用する力として，式（8.27）ならびに式（8.28）を考える．これらの力が，式（8.37）や式（8.38）から，系内に流入する単位時間当りの運動量を表す式（8.35）や式（8.36）を差し引いた結果と等しくなる．以上より得られた x, y 方向の運動方程式を $\Delta x \Delta y$ で除すと次式となる．

$$\frac{\partial \rho u}{\partial t} + \frac{\partial \rho u^2}{\partial x} + \frac{\partial \rho uv}{\partial y} = -\frac{\partial P}{\partial x} + \rho f_x \tag{8.39}$$

$$\frac{\partial \rho v}{\partial t} + \frac{\partial \rho uv}{\partial x} + \frac{\partial \rho v^2}{\partial y} = -\frac{\partial P}{\partial y} + \rho f_y \tag{8.40}$$

連続の式（8.11）を用いると，式（8.39），（8.40）は，次のように変形できる．

$$\frac{\partial u}{\partial t} + u \frac{\partial u}{\partial x} + v \frac{\partial u}{\partial y} = -\frac{1}{\rho} \frac{\partial P}{\partial x} + f_x \tag{8.41}$$

$$\frac{\partial v}{\partial t} + u \frac{\partial v}{\partial x} + v \frac{\partial v}{\partial y} = -\frac{1}{\rho} \frac{\partial P}{\partial y} + f_y \tag{8.42}$$

2 次元流れ場に対するオイラーの運動方程式（8.41），（8.42）は，式（8.26）の各座標成分を書き下したものになっている．

　非圧縮性流体の場合，式（8.41）と式（8.42）中の未知変数は，u, v, P の 3 つである．このとき，オイラーの運動方程式に非圧縮性流体の連続の式（8.14）を連立させて，与えられた初期条件と境界条件のもとで解けば，3 つの未知変数の解が決定される．圧縮性流体の場合には，未知数は u, v, P, ρ であり，式（8.41），（8.42）と連続の式（8.11）に加え，状態方程式を用いる必要がある．

　式（8.41），（8.42）の左辺第 2 項，第 3 項は，系内からの運動量の流出を表しており，**対流項**，あるいは**移流項**と呼ばれる．また，第 1 項がゼロの流れを定常流，ゼロでない流れを非定常流と呼ぶ．

　同様にして，3 次元流れのオイラーの運動方程式は，次のように書ける．

$$\frac{\partial u}{\partial t} + u \frac{\partial u}{\partial x} + v \frac{\partial u}{\partial y} + w \frac{\partial u}{\partial z} = -\frac{1}{\rho} \frac{\partial P}{\partial x} + f_x \tag{8.43}$$

$$\frac{\partial v}{\partial t} + u\frac{\partial v}{\partial x} + v\frac{\partial v}{\partial y} + w\frac{\partial v}{\partial z} = -\frac{1}{\rho}\frac{\partial P}{\partial y} + f_y \tag{8.44}$$

$$\frac{\partial w}{\partial t} + u\frac{\partial w}{\partial x} + v\frac{\partial w}{\partial y} + w\frac{\partial w}{\partial z} = -\frac{1}{\rho}\frac{\partial P}{\partial z} + f_z \tag{8.45}$$

8.3 【発展】ベルヌーイの式の導出

　非圧縮性完全流体の定常流に対する 3 次元オイラーの運動方程式を流線に沿って積分することにより，ベルヌーイの式 (2.25) を導いてみよう．定常流（速度の時間微分 = 0）に対するオイラーの運動方程式に，それぞれ $dx,\ dy,\ dz$（流線上の線素）を乗じて加え合わせる．その際，流線上では，式 (2.10) で表される，$dx/u = dy/v = dz/w$ の関係が成立することを利用する．

　まず，x 方向運動方程式 (8.43) の左辺 × dx は，次のように計算できる．

$$\left(u\frac{\partial u}{\partial x} + v\frac{\partial u}{\partial y} + w\frac{\partial u}{\partial z}\right)dx = u\left(\frac{\partial u}{\partial x}dx + \frac{\partial u}{\partial y}dy + \frac{\partial u}{\partial z}dz\right) = udu$$

ここで，du は流線上の 2 点 (x, y, z) と $(x+dx, y+dy, z+dz)$ の間の速度の変化（全微分）を表している．式 (8.43) × dx の右辺と上式を等値すると，

$$udu = -\frac{1}{\rho}\frac{\partial P}{\partial x}dx + f_x dx \tag{8.46}$$

同様に，y 方向，z 方向（式 (8.44)，(8.45)）に対して，次式が成立する．

$$vdv = -\frac{1}{\rho}\frac{\partial P}{\partial y}dy + f_y dy \tag{8.47}$$

$$wdw = -\frac{1}{\rho}\frac{\partial P}{\partial z}dz + f_z dz \tag{8.48}$$

式 (8.46)，(8.47)，(8.48) の辺々を加え合わせると，その左辺は，

$$左辺 = udu + vdv + wdw = d\left(\frac{1}{2}u^2 + \frac{1}{2}v^2 + \frac{1}{2}w^2\right) = d\left(\frac{1}{2}|\boldsymbol{u}|^2\right)$$

$$\left(|\boldsymbol{u}| = \sqrt{u^2 + v^2 + w^2}\right) \tag{8.49}$$

また，右辺は次のように求められる．

$$右辺 = -\frac{1}{\rho}\left(\frac{\partial P}{\partial x}dx + \frac{\partial P}{\partial y}dy + \frac{\partial P}{\partial z}dz\right) + (f_x dx + f_y dy + f_z dz) \tag{8.50}$$

ここで，体積力 f は，あるポテンシャル U から導かれるものとする．

$$f_x = -\frac{\partial U}{\partial x}, \quad f_y = -\frac{\partial U}{\partial y}, \quad f_z = -\frac{\partial U}{\partial z} \tag{8.51}$$

上式を式（8.50）に代入すると，

$$右辺 = -\frac{1}{\rho}dP - dU \tag{8.52}$$

上式中の dP, dU は，流線上の全微分を表す．式（8.49），（8.52）より，

$$d\left(\frac{1}{2}|\boldsymbol{u}|^2\right) + \frac{dP}{\rho} + dU = 0 \tag{8.53}$$

ρ が一定の場合，上式を流線上の2点間で積分すると，次のように非圧縮流体に対するベルヌーイの式が得られる．

$$\frac{P}{\rho} + U + \frac{1}{2}|\boldsymbol{u}|^2 = \text{const.} \tag{8.54}$$

体積力が z の負方向に作用する重力の場合，$U = gz$（z：基準位置からの高さ）であり，式（8.54）は式（2.25）と同じ次式となる．

$$\frac{P}{\rho} + gz + \frac{1}{2}|\boldsymbol{u}|^2 = \text{const.} \tag{8.55}$$

演 習 問 題

問題 8.1　大気中では，空気の密度 ρ は，地上からの高さ y を用いて近似的に

$$\rho = \rho_0 \exp\left(-\frac{y}{b}\right) \quad （\rho_0, \ b は定数）$$

と表される．大気中で，定常で一様な流れ（あらゆる位置および時間で，速度ベクトルの方向と大きさが同じ流れ）は可能か考察しなさい．

問題 8.2　右図に示すような，極座標 (r, θ) で描かれた微小要素への流体の出入りを考えることにより，極座標における2次元非圧縮連続の式

$$\frac{\partial u_r}{\partial r} + \frac{u_r}{r} + \frac{\partial u_\theta}{r\partial \theta} = 0 \tag{8.56}$$

を導きなさい．ただし，(u_r, u_θ) は半径および周方向の速度を表す．

問題 8.3　問題 8.2 で求めた式（8.56）を，直交座標系に

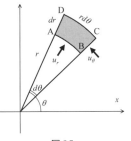

図 8.5

対する連続の式（8.14）の座標変換から求めてみよう. 以下の手順により式（8.56）を導きなさい.

(1)　(u, v) を (u_r, u_θ) により表しなさい.

(2)　$\dfrac{\partial r}{\partial x} = \cos\theta,\ \dfrac{\partial r}{\partial y} = \sin\theta,\ \dfrac{\partial\theta}{\partial x} = -\dfrac{\sin\theta}{r},\ \dfrac{\partial\theta}{\partial y} = \dfrac{\cos\theta}{r}$ となることを示しなさい.

(3)　微分に関する関係式：$\dfrac{\partial u}{\partial x} = \dfrac{\partial u}{\partial r}\dfrac{\partial r}{\partial x} + \dfrac{\partial u}{\partial\theta}\dfrac{\partial\theta}{\partial x},\ \dfrac{\partial v}{\partial y} = \dfrac{\partial v}{\partial r}\dfrac{\partial r}{\partial y} + \dfrac{\partial v}{\partial\theta}\dfrac{\partial\theta}{\partial y}$ に(1), (2)の
結果を利用し, 式（8.56）を導きなさい.

問題 8.4　式（8.39），（8.40）と連続の式（8.11）から, 式（8.41）と式（8.42）を導きなさい.

Chapter 9

ポテンシャル流れ

9.1 変形と回転運動

　流れ場の解析を行うに先立ち，流体要素の運動（変形と回転運動）について説明する．図 9.1 に示すように，2 次元流れ内に四辺形 OABC で表される微小流体要素を考える．流体要素は流れに乗って移動し，時刻 Δt 秒後には四辺形 O′A′B′C′ のようになる．このとき，もし要素近傍の速度が一様，すなわち速度勾配がない場合には，流

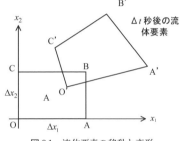

図 9.1　流体要素の移動と変形

体要素は変形することなく，単純な並進運動をするのみである．2 次元流体要素の変形には，速度成分 (u, v) の x, y 座標それぞれの方向への変化率を表す，4 つの速度勾配が関係している．ここでは，それらの流体要素の変形への影響を考える．

　点 O の速度を (u, v) とすると，A, B, C 各点の速度は以下のように表せる．

$$点 \text{A} の速度：\left(u + \frac{\partial u}{\partial x}\,\Delta x,\ v + \frac{\partial v}{\partial x}\,\Delta x \right)$$

$$点 \text{B} の速度：\left(u + \frac{\partial u}{\partial x}\,\Delta x + \frac{\partial u}{\partial y}\,\Delta y,\ v + \frac{\partial v}{\partial x}\,\Delta x + \frac{\partial v}{\partial y}\,\Delta y \right)$$

$$点 \text{C} の速度：\left(u + \frac{\partial u}{\partial y}\,\Delta y,\ v + \frac{\partial v}{\partial y}\,\Delta y \right)$$

いま，$a = \dfrac{\partial u}{\partial x}$, $b = \dfrac{\partial v}{\partial y}$, $c = \dfrac{\partial v}{\partial x} + \dfrac{\partial u}{\partial y}$, $\omega = \dfrac{\partial v}{\partial x} - \dfrac{\partial u}{\partial y}$ と置くと，点 A, B, C での，点 O に対する相対速度 $(u)_{\text{A}}$, $(v)_{\text{A}}$ 等を，以下のように表せる．

$$\begin{cases} (u)_{\mathrm{A}} = a\Delta x \\ (v)_{\mathrm{A}} = \dfrac{1}{2}(c+\omega)\,\Delta x \end{cases} \tag{9.1}$$

$$\begin{cases} (u)_{\mathrm{B}} = a\Delta x + \dfrac{1}{2}(c-\omega)\,\Delta y \\ (v)_{\mathrm{B}} = b\Delta y + \dfrac{1}{2}(c+\omega)\,\Delta x \end{cases} \tag{9.2}$$

$$\begin{cases} (u)_{\mathrm{C}} = \dfrac{1}{2}(c-\omega)\,\Delta y \\ (v)_{\mathrm{C}} = b\Delta y \end{cases} \tag{9.3}$$

以下，a, b, c, ω それぞれの影響を考える.

（ⅰ）　$a \neq 0$, $b \neq 0$, $c = \omega = 0$ の場合

式 (9.1)，(9.2)，(9.3) より，$(u)_{\mathrm{A}} = (u)_{\mathrm{B}} = a\Delta x$, $(u)_{\mathrm{C}} = 0$, $(v)_{\mathrm{A}} = 0$, $(v)_{\mathrm{B}} = (v)_{\mathrm{C}} = b\Delta y$ となる. a, b は流体要素の単位時間当りの x, y 方向の伸縮率を表すことがわかる.

（ⅱ）　$a = b = \omega = 0$, $c \neq 0$ の場合

$(u)_{\mathrm{A}} = 0$, $(u)_{\mathrm{B}} = (u)_{\mathrm{C}} = c\,\Delta y/2$, $(v)_{\mathrm{A}} = (v)_{\mathrm{B}} = c\Delta x/2$, $(v)_{\mathrm{C}} = 0$ より，O'A'B'C'は図 9.2 のようになる. なお，理解を容易にするため，図 9.2 では OABC を正方形として，移動変形後の O'A'B'C' の O' を O に重ねて表している. 図中の∠A'OA = ∠C'OC であり，OABC はひし形 O'A'B'C'へと変形する. このとき，変形後の 2 本の対角線 O'B'，A'C'を見れば，元の OB，AC から方向は変化せず，長さが伸縮しただけである. すなわち，$c \neq 0$ は，$a \neq 0$, $b \neq 0$, $c = \omega = 0$ の場合と同じ性質の，要素内の長さの伸縮による変形を表している.

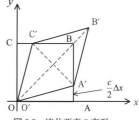

図 9.2　流体要素の変形
（$c \neq 0$, $a = b = \omega = 0$）

（ⅲ）　$a = b = c = 0$, $\omega \neq 0$ の場合

$(u)_{\mathrm{A}} = 0$, $(u)_{\mathrm{B}} = (u)_{\mathrm{C}} = -\omega\Delta y/2$, $(v)_{\mathrm{A}} = (v)_{\mathrm{B}} = \omega\Delta x/2$, $(v)_{\mathrm{C}} = 0$ であり，OABC と O'A'B'C'の関係は図 9.3 のように表せる. 単位時間の移動を考えると，図中の AA' ≈ $\omega\Delta x/2$ であり，幾何学的

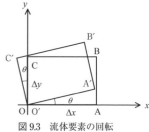

図 9.3　流体要素の回転
（$\omega \neq 0$, $a = b = c = 0$）

な関係より図中の角度 θ は $\omega/2$ となる．図からわかるように，流体要素は変形せずに角度 θ だけ回転することがわかる．$\omega/2$ は単位時間当たりの回転角度で，角速度に等しい．

9.2 ポテンシャル流れ

3次元要素を考えると，前節の ω には3成分が存在し，**渦度ベクトル**

$$\boldsymbol{\omega} = \text{rot}\,\boldsymbol{u} = \nabla \times \boldsymbol{u} = \left(\frac{\partial w}{\partial y} - \frac{\partial v}{\partial z}, \ \frac{\partial u}{\partial z} - \frac{\partial w}{\partial x}, \ \frac{\partial v}{\partial x} - \frac{\partial u}{\partial y} \right) \tag{9.4}$$

が定義できる．各成分は，それぞれ x, y, z 軸まわりの角速度の2倍の値を表している．2次元流れの場合，xy 平面内の回転運動は z 軸まわりとなるため，z 成分に前節の ω が現れている．式（9.4）は，微小な流体要素に着目したとき，その回転軸の方向を向き，角速度の2倍の大きさをもつベクトルを表している．ある流れ場を考えたとき，$\boldsymbol{\omega} = \text{rot}\,\boldsymbol{u} \neq 0$ の場合を**回転流**，あるいは渦ありの流れという．また，$\boldsymbol{\omega} = \text{rot}\,\boldsymbol{u} = 0$ の流れを**非回転流**，または渦なしの流れという．

流体の微小要素に着目したときの回転の度合いを表す ω に対し，巨視的な回転の度合いを表す量として，**循環**が用いられる．図9.4のように，流体中にある閉曲線 C をとったとき，循環 Γ は，次のように定義される．

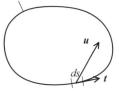

図9.4　閉曲線 C まわりの循環

$$\Gamma = \oint_C \boldsymbol{u} \cdot \boldsymbol{t}\,ds \tag{9.5}$$

$\boldsymbol{t}$ は C 上の線素 ds の単位接線ベクトルを表す．図9.4と式（9.5）の定義より，循環 Γ は，速度を閉曲線に沿って反時計まわりに1周積分した値であり，直感的に C における回転の度合いを表す量であることが理解できる．ストークスの定理（付録参照）を用いると，循環 Γ を前述の渦度ベクトル $\boldsymbol{\omega}$ を用いて計算できる．

$$\Gamma = \oint_C \boldsymbol{u} \cdot \boldsymbol{t}\,ds = \int_S \boldsymbol{\omega} \cdot \boldsymbol{n}\,dS \tag{9.6}$$

図9.5に示すように，積分範囲の S は，閉曲線 C を縁とする適当な曲面である．dS は曲面上の面素を表し，$\boldsymbol{n}$ はその単位法線ベクトルである．

$\boldsymbol{\omega} = 0$ の流れを**ポテンシャル流れ**ともいう．このとき，スカラー関数 $\phi \equiv \phi(x, y, z, t)$ の勾配を用いて速度を表せる．

$$\boldsymbol{u} \equiv (u, v, w) = \mathrm{grad}\, \phi = \nabla \phi = \left(\frac{\partial \phi}{\partial x}, \frac{\partial \phi}{\partial y}, \frac{\partial \phi}{\partial z} \right)$$

(9.7)

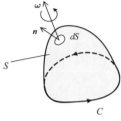

式 (9.7) を式 (9.4) に用いれば，$\boldsymbol{\omega} = 0$ が満足される
ことがわかる．ϕ を**速度ポテンシャル**という．

　非圧縮流体の連続の式 (8.15) に式 (9.7) を代入す
ると，次の関係が得られる．

図 9.5　ストークスの定理

$$\frac{\partial u}{\partial x} + \frac{\partial v}{\partial y} + \frac{\partial w}{\partial z} = \frac{\partial^2 \phi}{\partial x^2} + \frac{\partial^2 \phi}{\partial y^2} + \frac{\partial^2 \phi}{\partial z^2} = \nabla^2 \phi = 0$$

(9.8)

速度ポテンシャルは，上式の解より決定することができる．式 (9.8) の $\nabla^2 \phi = 0$
を**ラプラス方程式**という．流体力学のみならず，波動や電磁場の問題など，自然
科学の多くの分野で現れる方程式である．

9.3　流線と流れの関数

　非圧縮 2 次元流れを対象として，連続の式 (8.14) を再掲する．

$$\frac{\partial u}{\partial x} + \frac{\partial v}{\partial y} = 0$$

(9.9)

ここで，以下の関係を満足するスカラー関数 $\psi(x, y, t)$ を考える．

$$u = \frac{\partial \psi}{\partial y}, \quad v = -\frac{\partial \psi}{\partial x}$$

(9.10)

上式を式 (9.9) に代入すればわかるように，ψ は連続の式を自動的に満足するよ
うに定義されている．連続の式を用いることで，2 つの速度成分 (u, v) を 1 つの
関数 ψ に集約して表現したといえる．スカラー関数 $\psi(x, y, t)$ を**流れの関数**また
は**流れ関数**という．

　流れの関数の性質について考えてみる．ま
ず，定常流れにおいて，c を定数とする以下
の方程式を考える．

$$\psi(x, y) = c \qquad (9.11)$$

図 9.6 は式 (9.11) を満足する曲線の模式図を
表している．図 9.6 の曲線上において，点 $(x,$
$y)$ から少し離れた点 $(x + dx, y + dy)$ を考え

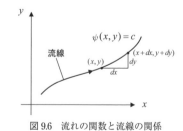

図 9.6　流れの関数と流線の関係

ると，曲線上で ψ の値は一定なので，次の関係が成り立つ．

$$\psi(x+dx, y+dy) - \psi(x, y) = d\psi = \frac{\partial \psi}{\partial x}\,dx + \frac{\partial \psi}{\partial y}\,dy = 0 \tag{9.12}$$

上式に式（9.10）を用いて整理すると，

$$-vdx + udy = 0 \ \rightarrow \ \frac{dx}{u} = \frac{dy}{v} \tag{9.13}$$

式（9.13）は，流線の方程式（2.10）の 2 次元流れに対するものに一致する．したがって，流れの関数の値が一定となる曲線は流線を表す．式（9.11）中の値 c を変化させることにより，無数の流線を描くことができる．

　次に，図 9.7 のように，流れ場中の点 P (x, y) を通る流線 $\psi = c$ を考え，点 P から流線に垂直方向に微小距離離れた点 P$'(x+dx, y+dy)$ を取る．P$'$ を通る流線の方程式を $\psi = c + dc$ とする．このとき，PP$'$ を通過する流量 dQ は，8.1 節の説明で述べたように，速度ベクトル (u, v) と，PP$'$ の長さを

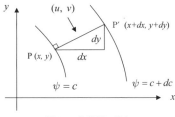

図 9.7　流線間の流れ

大きさにもつ法線ベクトルとの内積から求められる．後者は $(dy, -dx)$ と表せるので，

$$dQ = udy - vdx \tag{9.14}$$

となる．式（9.10）を上式に代入すると，以下の関係が得られる．

$$dQ = \frac{\partial \psi}{\partial y}\,dy + \frac{\partial \psi}{\partial x}\,dx = d\psi = dc \tag{9.15}$$

すなわち，2 本の流線の間の流量は，流れの関数の値の差に等しい．

9.4　複素速度ポテンシャル

　以下では，2 次元座標を複素平面で表し，2 次元ポテンシャル流れを扱う．複素平面上の座標 z は，$z = x + iy$ と表される．以下のオイラーの公式，

$$e^{i\theta} = \cos\theta + i\sin\theta \tag{9.16}$$

を用いると，z を極座標 (r, θ) で表すこともできる．

$$z = re^{i\theta} \quad (\because \ r = \sqrt{x^2 + y^2},\ x = r\cos\theta,\ y = r\sin\theta) \tag{9.17}$$

以下では，$z = x + iy$，あるいは式（9.17）で座標 z を表す．

　流れ場の表現には，速度ポテンシャル ϕ と流れの関数 ψ の複素結合を用いる．**複素速度ポテンシャル W を**，次式で定義する．

$$W = \phi(x, y) + i\psi(x, y) \tag{9.18}$$

速度ポテンシャルと流れの関数を用いているため，W は 2 次元，非圧縮，渦なし流れ（2 次元ポテンシャル流れ）にのみ使用できる．

　2 次元渦なし流れでは，式（9.4）より，

$$\frac{\partial v}{\partial x} - \frac{\partial u}{\partial y} = 0 \tag{9.19}$$

上式に式（9.10）を代入すると，

$$\frac{\partial}{\partial x}\left(-\frac{\partial \psi}{\partial x}\right) - \frac{\partial}{\partial y}\left(\frac{\partial \psi}{\partial y}\right) = -\left(\frac{\partial^2 \psi}{\partial x^2} + \frac{\partial^2 \psi}{\partial y^2}\right) = -\nabla^2 \psi = 0 \tag{9.20}$$

速度ポテンシャル ϕ と同様，流れの関数 ψ もラプラス方程式を満足する．

　式（9.18）の複素速度ポテンシャルの議論に戻ろう．まず，$W(z)$ が正則関数（z に関して微分可能）であることをみておこう．W が正則関数であるためには，複素平面上の任意の方向から W を微分しても同じ値にならなければならない[1]．すなわち，x あるいは iy で微分しても同じ値となる必要がある．したがって，次式が満足されなければならない．

$$\frac{dW}{dz} = \frac{dW}{dx} = \frac{1}{i}\frac{dW}{dy} \tag{9.21}$$

W を x ならびに iy で微分すると，

$$\frac{dW}{dx} = \frac{\partial \phi}{\partial x} + i\frac{\partial \psi}{\partial x}, \quad \frac{1}{i}\frac{dW}{dy} = \frac{1}{i}\left(\frac{\partial \phi}{\partial y} + i\frac{\partial \psi}{\partial y}\right) = \frac{\partial \psi}{\partial y} - i\frac{\partial \phi}{\partial y} \tag{9.22}$$

上式中の各項について，ϕ と ψ の定義より次が成り立つ．

$$\frac{\partial \phi}{\partial x} = \frac{\partial \psi}{\partial y} = u, \quad \frac{\partial \psi}{\partial x} = -\frac{\partial \phi}{\partial y} = -v \tag{9.23}$$

式（9.22），（9.23）より，W は式（9.21）を満足していることがわかる．$\partial \phi / \partial x = \partial \psi / \partial y$，$\partial \psi / \partial x = -\partial \phi / \partial y$ を，**コーシー–リーマン**（Cauchy-Riemann）**の方程式**と呼ぶ．式（9.21），（9.22），（9.23）より，dW/dz は

$$\frac{dW}{dz} = u - iv = qe^{-i\theta} = w \quad (q = \sqrt{u^2 + v^2}) \tag{9.24}$$

---

[1] 例えば，今吉洋一：複素関数概説，サイエンス社（2000）

となる．w を（共役）**複素速度**という．したがって，W が求められれば速度場 (u, v) が得られる．また，流れの関数から流線も求められる．以下では，W を用いて流れ場を表す．W を構成する ϕ と ψ ともに線形のラプラス方程式を満たすので，解の重ね合わせが可能である．まず基本となる簡単な流れの W を示し，それらの解の重ね合わせにより複雑な流れ場を表現していこう．

9.5 単純な流れとその重ね合わせ・物体まわりの流れ

9.5.1 単純な流れ

a. 平 行 流

図 9.8 に示す速度 U の**一様平行流**の複素速度ポテンシャルは，

$$W = Uz \tag{9.25}$$

と表せる．上式より，

$$w = \frac{dW}{dz} = u - iv = U$$

となるので，実数 U に対し，$u = U$，$v = 0$ の x 方向に一定の速度をもつ平行な流れであることがわかる．また，式（9.25）の虚部より，流れの関数を求めると，

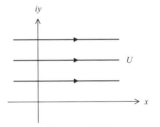

図 9.8　平行流

$$\psi = Uy \tag{9.26}$$

上式の ψ は，明らかにラプラス方程式（9.20）を満足している．

b. 吹き出しと吸い込み

図 9.9 に示す原点から流体が放射状に吹き出す流れを考える．この流れの複素速度ポテンシャルは，次式で表される．

$$W = \frac{Q}{2\pi} \ln z$$

（$Q > 0$：吹き出し，$Q < 0$：吸い込み）　(9.27)

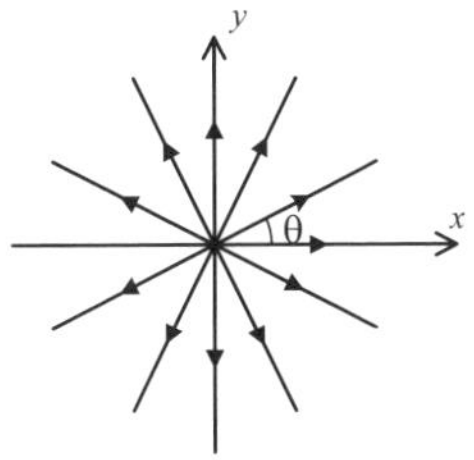

図 9.9　吹き出しの流れ（$Q > 0$）

上式より，速度ポテンシャルと流れの関数は以下のように求められる．

$$W = \phi + i\psi = \frac{Q}{2\pi}(\ln r + i\theta) \quad (\because z = re^{i\theta})$$

$$\therefore \; \psi = \frac{Q}{2\pi}\,\theta, \quad \phi = \frac{Q}{2\pi}\ln r \tag{9.28}$$

流線の方程式は c を定数として,

$$\psi = \frac{Q}{2\pi}\,\theta = c \;\rightarrow\; \theta = c'$$

となり ($c' = 2\pi c/Q$ は一定値), 原点を通る放射状の直線群となる. 複素速度は,

$$\frac{dW}{dz} = u - iv = \frac{Q}{2\pi z} = \frac{Q}{2\pi r}(\cos\theta - i\sin\theta) \tag{9.29}$$

上式より, 速度の大きさは,

$$\sqrt{u^2 + v^2} = \frac{Q}{2\pi r} \tag{9.30}$$

となり, 半径 r の円周を通過する流量は, $2\pi r \times Q/2\pi r = Q$ となり, r によらず一定となる. 以上より, 式 (9.27) の Q は, 吹き出し ($Q>0$) あるいは吸い込み ($Q<0$) の流量を表すことがわかる.

c. 自 由 渦

回転速度が半径に反比例する渦を**自由渦**という (6.3 節参照). 自由渦の複素速度ポテンシャルは, 次のように書ける.

$$W = \frac{i\Gamma}{2\pi}\ln z = \phi + i\psi = -\frac{i\Gamma}{2\pi}(\ln r + i\theta) \tag{9.31}$$

上式より, 速度ポテンシャルと流れの関数は次式のように求められる.

$$\phi = \frac{\Gamma}{2\pi}\,\theta, \quad \psi = -\frac{\Gamma}{2\pi}\ln r \tag{9-32}$$

流線 $\psi = c$ は, r が一定, すなわち原点を中心とする同心円となり, 渦を表すことがわかる. 式 (9.4) より渦度を計算すると, この流れ場は原点 (特異点) を除き, 渦なしであることがわかる. また,

$$\frac{dW}{dz} = u - iv = -\frac{i\Gamma}{2\pi}\frac{x - iy}{x^2 + y^2} \;\text{より},$$

$$u = -\frac{\Gamma}{2\pi}\frac{\sin\theta}{r}, \quad v = \frac{\Gamma}{2\pi}\frac{\cos\theta}{r}$$

$$\therefore \; v_\theta = \frac{\Gamma}{2\pi r}$$

となり, 円周方向速度 v_θ は, 半径に反比例することがわかる. 上式より, 半径 r

の円周上で，この流れ場の循環（式 (9.5)）を求めると，

$$\int_0^{2\pi} \frac{\Gamma}{2\pi r} \cdot r d\theta = \Gamma \quad (r \text{によらず一定})$$

となり，式 (9.31) の Γ は，循環の値を表していることがわかる．

d. 二重吹き出し

次に，b. で述べた吹き出しと吸い込みの
流れを，図 9.10 のように 2 つ重ね合わせた
流れ場を考える．図のように，$z = -a$ に強
さ Q（流量）の吹き出し，$z = a$ に強さ Q
の吸い込みがあるとき，$2aQ$ の値を一定に
保ちつつ，2 点の距離を小さくした極限の
状態の流れ場を，**二重吹き出し**という．9.4
節で述べたように，W, ϕ, ψ は各々解の
重ね合わせができる．式 (9.28) より，吹
き出しと吸い込みの ϕ は，以下のように書
ける．

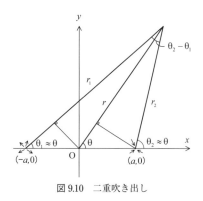

図 9.10　二重吹き出し

$$\text{吹き出し } (z = -a) : \phi_1 = \frac{Q}{2\pi} \ln r_1$$

$$\text{吸い込み } (z = a) : \phi_2 = -\frac{Q}{2\pi} \ln r_2$$

複素平面上の任意の点 P の速度ポテンシャルを考える際，上式の r_1, r_2 は，それ
ぞれ $z = -a$, $z = a$ から P までの距離を表している．重ね合わせより，

$$\phi = \phi_1 + \phi_2 = \frac{Q}{2\pi} \log \frac{r_1}{r_2} \approx \frac{Q}{2\pi} \log\left(\frac{r + a\cos\theta}{r - a\cos\theta}\right)$$

$$= \frac{Q}{2\pi r} \cdot 2a\cos\theta \tag{9.33}$$

ここで，a が微小なので，$r_1 \approx r + a\cos\theta$，$r_2 \approx r - a\cos\theta$ としている．また，$r \gg$
$a\cos\theta$ なので，以下のテイラー展開を利用している．

$$\ln\left(\frac{r + a\cos\theta}{r - a\cos\theta}\right) = \ln(r + a\cos\theta) - \ln(r - a\cos\theta)$$

$$\approx \left(\ln r + \frac{a\cos\theta}{r}\right) - \left(\ln r - \frac{a\cos\theta}{r}\right) = \frac{2a\cos\theta}{r}$$

次に，吹き出しと吸い込みの ψ は，式 (9.28) より，

$$\psi_1 = \frac{Q}{2\pi}\,\theta_1, \quad \psi_2 = -\frac{Q}{2\pi}\,\theta_2$$

$$\therefore\ \psi = \psi_1 + \psi_2 = \frac{Q}{2\pi}(\theta_1 - \theta_2) \approx -\frac{Q}{2\pi}\frac{2a\sin\theta}{r} \tag{9.34}$$

$\lim\limits_{a\to 0} 2aQ = m$ と置き，$a \to 0$，$Q \to \infty$ とすると，式 (9.33)，(9.34) より，二重吹き出しの速度ポテンシャルと流れの関数が以下のように求められる．

$$\phi = \frac{m\cos\theta}{2\pi r} = \frac{m}{2\pi}\frac{x}{x^2+y^2}, \quad \psi = -\frac{m\sin\theta}{2\pi r} = -\frac{m}{2\pi}\frac{y}{x^2+y^2} \tag{9.35}$$

式 (9.35) より，複素速度ポテンシャルは，

$$W = \phi + i\psi = \frac{m}{2\pi r}(\cos\theta - i\sin\theta) = \frac{m}{2\pi re^{i\theta}} = \frac{m}{2\pi z} \tag{9.36}$$

流線の方程式は，式 (9.35) の流れの関数より，以下のように求められる．

$$\psi = -\frac{m\sin\theta}{2\pi r} = -\frac{m}{2\pi}\frac{y}{x^2+y^2}$$

$$= \text{const.}$$

$$\therefore\ x^2 + y^2 = cy \ \rightarrow\ x^2 + \left(y - \frac{c}{2}\right)^2 = \frac{c^2}{4}$$

$$(c\ は定数)\quad (9.37)$$

図 9.11 に，二重吹き出しの流線を示す．

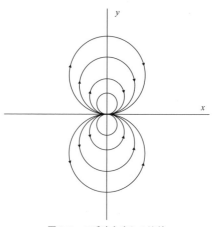

図9.11　二重吹き出しの流線

9.5.2　物体まわりの流れ

単純な流れの組み合わせにより，平行流中に置かれた円柱まわりの流れを考えてみよう．前節で示した a. の平行流と，d. の二重吹き出しの重ね合わせを考える．複素速度ポテンシャルは，次式となる．

$$W = U\left(z + \frac{a^2}{z}\right) \tag{9.38}$$

ここで，U は x 方向の速度であり，a はある定数で，その意味と値は現段階では不明である．上式より，ϕ と ψ を以下のように求められる．

$$W = U\left\{r(\cos\theta + i\sin\theta) + \frac{a^2}{r}(\cos\theta - i\sin\theta)\right\} = \phi + i\psi$$

$$\phi = U\left(r + \frac{a^2}{r}\right)\cos\theta, \quad \psi = U\left(r - \frac{a^2}{r}\right)\sin\theta \tag{9.39}$$

流線 $\psi = 0$ は，$r^2 = a^2$ より半径 a の円である．また，$r \to \infty$ $(z \to \infty)$ では，

$$W = Uz$$

となり，x 軸に平行な流れである．以上より，式 (9.38) は速度 U の平行流中に置かれた半径 a の円柱まわりの流れを表しているといえる．一般に複素速度ポテンシャルが，ある物体まわりの流れ場を表す場合，（I）流線の1本が物体形状を表すこと，（II）その他の境界条件を満足していることが必要となる．

円柱まわりの流れをさらに調べてみよう．式 (9.39) の ϕ より，半径方向速度 u_r および周方向速度 u_θ は，

$$u_r = \frac{\partial\phi}{\partial r} = U\left(1 - \frac{a^2}{r^2}\right)\cos\theta, \quad u_\theta = \frac{\partial\phi}{r\partial\theta} = -U\left(1 + \frac{a^2}{r^2}\right)\sin\theta \tag{9.40}$$

となる．円柱表面の速度は，$r = a$ として，

$$u_r = 0, \quad u_\theta = -2U\sin\theta \tag{9.41}$$

したがって，$\theta = 0$，π で $u_\theta = 0$，$\theta = \pm\pi/2$ で最大値 $2U$ となる．

ベルヌーイの式を利用して，円柱表面の圧力分布を求めてみよう．無限遠の圧力を P_∞ とすると，円柱表面の圧力 P と速度 u_θ に対して，次の関係が成り立つ．

$$\frac{P}{\rho} + \frac{u_\theta^2}{2} = \frac{P_\infty}{\rho} + \frac{U^2}{2}$$

$$\therefore \frac{P - P_\infty}{\rho} = \frac{U^2}{2} - \frac{u_\theta^2}{2} \to \frac{P - P_\infty}{\left(\frac{1}{2}\rho U^2\right)} = 1 - \left(\frac{u_\theta}{U}\right)^2 = 1 - 4\sin^2\theta \tag{9.42}$$

圧力はよどみ点 $\theta = 0$，π で最大，$\theta = \pm\pi/2$ で最小となる．式 (9.42) の圧力分布は x，y 軸について対称となるため，円柱に作用する圧力の合力はゼロとなる．すなわち，平行流中に置かれた円柱には，流体から力が作用しない（ダランベールのパラドックス）．実際には，粘性の影響により円柱には y 軸に関して非対称な圧力分布ならびに粘性力が作用し，抗力が発生する．

円柱まわりの流れに式 (9.31) で表される自由渦を加えてみる．ここでは，時計まわりの渦として，式 (9.31) の符号を変えたものを考える．この流れの複素速度ポテンシャルは，

$$W = U\left(z + \frac{a^2}{z}\right) + \frac{i\Gamma}{2\pi} \ln z \tag{9.43}$$

上式より,

$$\phi = U\left(r + \frac{a^2}{r}\right)\cos\theta - \frac{\Gamma}{2\pi}\theta \tag{9.44}$$

$$\psi = U\left(r - \frac{a^2}{r}\right)\sin\theta + \frac{\Gamma}{2\pi}\ln r \tag{9.45}$$

式 (9.44) より, 円柱表面での速度は

$$u_\theta|_{r=a} = \left.\frac{\partial\phi}{r\partial\theta}\right|_{r=a} = -2U\sin\theta - \frac{\Gamma}{2\pi a} \tag{9.46}$$

となる. 上式より, よどみ点の位置は $u_\theta|_{r=a}=0$ より

$$\sin\theta = -\frac{\Gamma}{4\pi aU} \tag{9.47}$$

また, ベルヌーイの式より円柱表面の圧力分布は,

$$\frac{P - P_\infty}{\left(\frac{1}{2}\rho U^2\right)} = 1 - \left(\frac{u_\theta}{U}\right)^2 = 1 - 4\left(\sin\theta + \frac{\Gamma}{4\pi aU}\right)^2 \tag{9.48}$$

となる. 圧力分布は y 軸に関して対称であり, この場合も流れから受ける抗力はゼロとなる. 一方, x 軸に関しては非対称で, 結果として y 方向に揚力が作用する. 揚力 F_L は, 圧力の y 方向成分を円柱表面で積分することにより, 次のように求められる.

$$F_L = -a\int_0^{2\pi}(P - P_\infty)\sin\theta d\theta$$

$$= -\frac{a}{2}\rho U^2\int_0^{2\pi}\left\{1 - 4\left(\sin\theta + \frac{\Gamma}{4\pi aU}\right)^2\right\}\sin\theta d\theta$$

$$= \rho U\Gamma \tag{9.49}$$

上式のように, 円柱には, 流れの速度と循環 Γ に比例する揚力が作用する (クッター-ジューコフスキーの定理:7.5 節参照).

9.6 【発展】一般化されたベルヌーイの式

8.3 節では, 非圧縮定常流れに対するオイラーの方程式を流線に沿って積分し

て，ベルヌーイの式を導いた．ここではポテンシャル流れを対象に，非定常流に対するベルヌーイの式を導く．オイラーの方程式 (8.43)〜(8.45) のうち，例えば x 方向の式 (8.43) を ϕ を用いて書き直すと，

$$\frac{\partial u}{\partial t}+u\frac{\partial u}{\partial x}+v\frac{\partial u}{\partial y}+w\frac{\partial u}{\partial z}=\frac{\partial^2\phi}{\partial t\partial x}+\frac{\partial\phi}{\partial x}\frac{\partial^2\phi}{\partial x^2}+\frac{\partial\phi}{\partial y}\frac{\partial^2\phi}{\partial y\partial x}+\frac{\partial\phi}{\partial z}\frac{\partial^2\phi}{\partial z\partial x}$$

$$=\frac{\partial}{\partial x}\left[\frac{\partial\phi}{\partial t}+\frac{1}{2}\left\{\left(\frac{\partial\phi}{\partial x}\right)^2+\left(\frac{\partial\phi}{\partial y}\right)^2+\left(\frac{\partial\phi}{\partial z}\right)^2\right\}\right]=\frac{\partial}{\partial x}\left[\frac{\partial\phi}{\partial t}+\frac{1}{2}|\boldsymbol{u}|^2\right]=-\frac{1}{\rho}\frac{\partial P}{\partial x}+f_x$$

$$(9.50)$$

となる．同様に，式 (8.44)，(8.45) は

$$\frac{\partial v}{\partial t}+u\frac{\partial v}{\partial x}+v\frac{\partial v}{\partial y}+w\frac{\partial v}{\partial z}=\frac{\partial}{\partial y}\left[\frac{\partial\phi}{\partial t}+\frac{1}{2}|\boldsymbol{u}|^2\right]=-\frac{1}{\rho}\frac{\partial P}{\partial y}+f_y \qquad (9.51)$$

$$\frac{\partial w}{\partial t}+u\frac{\partial w}{\partial x}+v\frac{\partial w}{\partial y}+w\frac{\partial w}{\partial z}=\frac{\partial}{\partial z}\left[\frac{\partial\phi}{\partial t}+\frac{1}{2}|\boldsymbol{u}|^2\right]=-\frac{1}{\rho}\frac{\partial P}{\partial z}+f_z \qquad (9.52)$$

となる．式 (8.51) のように体積力をポテンシャル U で表し，式 (9.50)，(9.51)，(9.52) にそれぞれ dx, dy, dz を乗じて辺々加え合わせ，積分を行うと，次式を得る．

$$\frac{\partial\phi}{\partial t}+\frac{P}{\rho}+\frac{1}{2}|\boldsymbol{u}|^2+U=f(t) \qquad (9.53)$$

上式が，一般化されたベルヌーイの式である．上式の導出では，時間に依存する流れ場中のある経路に沿った積分を行うので，右辺 $f(t)$ は定数ではなく時間 t の関数となることに注意されたい．また，積分経路上の線素 (dx, dy, dz) は任意に取ることができるので，式 (9.53) は流線上に限らず空間内の任意の点で成り立つ関係となる．重力ポテンシャル $U=gz$ の場合には，式 (9.53) は次式となる．

$$\frac{\partial\phi}{\partial t}+\frac{P}{\rho}+\frac{1}{2}|\boldsymbol{u}|^2+gz=f(t) \qquad (9.54)$$

9.7 【発展】水面波

風が吹くと水面に波が生じる．ここでは，図 9.12 に示すように，静止水面 $y=0$ 上の 2 次元波動を，前節までに述べた方法を用いて解析してみよう．水面波の形状を時刻 t において $F(x, y, t)=0$ とすると，4.4 節に示したように，F は次式を満たす．

$$\frac{\partial F}{\partial t} + u\frac{\partial F}{\partial x} + v\frac{\partial F}{\partial y} = 0 \qquad (9.55)$$

図 9.12 のように水面の形が,

$$y = \eta(t, x) \qquad (9.56)$$

と表されるときの水面の運動をみてみよう. $F = y - \eta(t, x) = 0$ を,式（9.55）に代入すると,

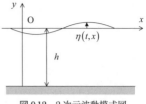

図 9.12　2次元波動模式図

$$v = \frac{\partial \eta}{\partial t} + u\frac{\partial \eta}{\partial x} \qquad (9.57)$$

となる. 水面の波の振幅が十分小さい（微小振幅波）と仮定すると u, v も微小量となり,右辺第2項は微小量の2次の大きさであるため無視でき,以下のように近似できる.

$$v = \frac{\partial \phi}{\partial y} = \frac{\partial \eta}{\partial t} \qquad (9.58)$$

ここで,速度ポテンシャル ϕ を用い, $v = \partial\phi/\partial y$ と表している. 次に,一般化されたベルヌーイの式（9.54）を水面波に用いる. 水面波上（$y = \eta$）では,水の圧力 P はすべて大気圧 P_0 と等しいので, $f(t) = P_0/\rho$ と置く. また,式（9.58）の近似と同様, $|u|^2$ は2次の微小量とみなせるので,式（9.54）を次のように書き直すことができる.

$$\frac{\partial \phi}{\partial t} + g\eta = 0 \qquad (9.59)$$

式（9.58）ならびに式（9.59）は, $y = \eta$ で課される境界条件であるが,波の振幅が小さい場合には, $y = 0$ における境界条件と考えることができる. 式（9.59）は,速度ポテンシャル ϕ と水面波形 η とを関係づける式でもある.

　水面波を表す速度ポテンシャルは,式（9.8）のラプラス方程式の解から決定される. ここでは,2次元流れに対するラプラス方程式として,

$$\frac{\partial^2 \phi}{\partial x^2} + \frac{\partial^2 \phi}{\partial y^2} = 0 \qquad (9.60)$$

を考える. 境界条件として,図 9.12 のように深さ h の底面において $v = 0$ より,

$$y = -h : \frac{\partial \phi}{\partial y} = 0 \qquad (9.61)$$

この境界条件のもとで,ラプラス方程式の解を求められれば,水面の運動を決定できる. ここで,水面波として正弦波状に振動する波を想定し

$$\phi(x, y, t) = A(y)\cos(kx - \omega t) \tag{9.62}$$

と置く．上式において，$A(y)$ は未知関数，k（>0）は**波数**を表す．$k/2\pi$ は x 軸方向の単位長さに含まれる波の数を表し，**波長**はその逆数 $\lambda = 2\pi/k$ で与えられる．一方，$\omega/2\pi$（>0）は**振動数**を表し，$T = 2\pi/\omega$ は**周期**となる．位相が同じ $x - (\omega/k)t = \mathrm{const.}$ の点の x 座標は，速度

$$c = \frac{\omega}{k} \tag{9.63}$$

で移動する．この速度 c を**位相速度**という．$c > 0$ のとき，波は x の正の向きに，$c < 0$ のときは x の負の向きに進む．このような波を進行波という．

式（9.62）をラプラス方程式（9.60）に代入すると，$A(y)$ に関する以下の微分方程式が得られる．

$$\frac{d^2 A}{dy^2} - k^2 A = 0 \tag{9.64}$$

上式の一般解は，

$$A(y) = \alpha e^{ky} + \beta e^{-ky} \quad (\alpha,\ \beta \text{ は定数}) \tag{9.65}$$

と書ける．境界条件（9.61）より $\alpha = \beta e^{2kh}$ が得られる．したがって，ϕ は

$$\phi = 2\beta e^{kh} \cosh k(h + y)\cos(kx - \omega t) \tag{9.66}$$

となる．上式を式（9.59）に代入すると，水面波形 η は

$$\eta = -\frac{1}{g}\frac{\partial \phi}{\partial t}\bigg|_{y=0} = -\frac{2\beta\omega e^{kh}}{g}\cosh(kh)\sin(kx - \omega t) \tag{9.67}$$

また，式（9.66），（9.67）を式（9.58）に用いると，位相速度 c として

$$c = \sqrt{\frac{g}{k}\tanh(kh)} = \sqrt{\frac{g\lambda}{2\pi}\tanh\left(\frac{2\pi h}{\lambda}\right)} \tag{9.68}$$

を得る．上式は，位相速度が波長に依存することを示している．

いま，水深 h が波長に比べて十分小さい場合を考えよう．この場合は $h/\lambda \ll 1$ であるから，$\tanh(2\pi h/\lambda) \approx 2\pi h/\lambda$ と近似でき，

$$c = \sqrt{gh} \tag{9.69}$$

となり，位相速度は水深 h の平方根に比例し，波長に依存しない．このような波を**長波**または**浅水波**という．

逆に水深 h が波長に比べて十分大きい場合には，$h/\lambda \gg 1$ であるから，$\tanh(2\pi h/\lambda) \approx 1$ と近似でき，

$$c = \sqrt{\frac{g}{k}} = \sqrt{\frac{g\lambda}{2\pi}} \tag{9.70}$$

となり，位相速度は波長に依存する．この波を，短波あるいは**深水波**という．

演 習 問 題

問題 9.1 式 (9.31) の自由渦の流れでは，原点を除いて渦なし ($\partial v/\partial x - \partial u/\partial y = 0$) となることを確かめなさい．

問題 9.2 式 (9.40) では，極座標に対する速度を，$(u_r, u_\theta) = (\partial\phi/\partial r, \partial\phi/r\partial\theta)$ より求めた．この関係が成立することを，以下の手順により確かめなさい．

(1) (u_r, u_θ) は，直交座標系における速度 (u, v) により以下のように表されることを示しなさい．

$$u_r = u \cos\theta + v \sin\theta, \quad u_\theta = -u \sin\theta + v \cos\theta$$

(2) $\partial\phi/\partial r = (\partial\phi/\partial x)(\partial x/\partial r) + (\partial\phi/\partial y)(\partial y/\partial r)$，$\partial\phi/r\partial\theta = (\partial\phi/\partial x)(\partial x/r\partial\theta) + (\partial\phi/\partial y)(\partial y/r\partial\theta)$ と表せる．この関係と(1)の関係を用い，$(u_r, u_\theta) = (\partial\phi/\partial r, \partial\phi/r\partial\theta)$ が成り立つことを確かめなさい．

問題 9.3 ある完全流体の流れ場において，流れの関数 ψ が，

$$\psi(x, y) = x^2 - y^2 + x + y$$

で表される場合を考える．以下の問いに答えなさい．

(1) 流線の一つが，原点を通る直線となることを示しなさい．

(2) 重力などの外力がない場合，(1)の流線上で圧力が最大となる座標を求めなさい．

問題 9.4 y 軸 ($x = 0$) を固体壁面として，座標 $(a, 0)$ に循環 Γ の自由渦がある流れを考える．この場合，固体壁面に対称の位置 $(-a, 0)$ に，$-\Gamma$ (逆向き) の自由渦を加え合わせることにより，流れ場を表すことができる (鏡像の方法)．2つの渦の重ね合わせにより，実際に $x = 0$ が固体面の条件を満たしていることを示しなさい．

問題 9.5 複素速度ポテンシャル $W = z^3$ は，右図のような 60°のコーナー内の流れを表すことを示しなさい．また固体壁面上での速度を求めなさい．

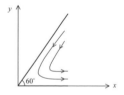

Chapter 10

非圧縮粘性流れ

10.1 ニュートン流体の変形と応力

ここでは，1.3 節，9.1 節の議論を一般化して，流体の変形と粘性応力の関係式，すなわちニュートン流体の構成方程式を導出する．

定常なせん断流れ（$u=u(y)$, $v=w=0$）の中で図 10.1 のような微小体積要素 $\Delta x \Delta y \Delta z$（$\Delta z$ は奥行き方向の幅．以下同様）が受ける変形を x, y 面で調べる．速度の x 方向成分は，点 A で u であるとすると，点 B では $u + (du/dy)\Delta y$ で表される．微小時間 Δt 経過後，点 A, B の x 方向変位差は $(du/dy)\Delta y \Delta t$ となる．これは，辺 AB の方向変化を $\Delta\theta$ とすると，$\Delta y \tan \Delta\theta$ に等しく，微小変化に対しては

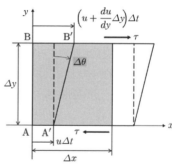

図 10.1 単純せん断流れによる微小時間 Δt の間の変形

$$\frac{du}{dy}\Delta y \Delta t = \Delta y \tan \Delta\theta \ (\cong \Delta y \Delta\theta) \quad \text{より} \quad \frac{du}{dy} = \frac{d\theta}{dt} \tag{10.1}$$

の関係がある．したがって，式（1.13）で与えられた速度勾配に比例するニュートン流体の粘性摩擦応力は

$$\tau = \mu \frac{du}{dy} = \mu \frac{d\theta}{dt} \tag{10.2}$$

と，角度の時間変化に比例するとも解釈できる．後者のようにとらえると，図 9.3 の説明とも関連し，流体要素の変形と応力の関係を一般化しやすい．

粘性応力を導入する前に，応力テンソルの表記について整理しておく．連続体の内部断面または表面に働く単位面積当りの力を応力（ベクトル）という．面に

直交する単位ベクトルを内積すれば応力ベクトルが得られ，さらに任意の方向の単位ベクトルを内積すればその方向の応力成分が得られるような量が応力テンソルである．デカルト座標の基底ベクトル

$$e_1 \,(=e_x) = (1, 0, 0), \quad e_2 \,(=e_y) = (0, 1, 0), \quad e_3 \,(=e_z) = (0, 0, 1)$$

を使って具体的に応力テンソル σ を成分表示する．$t = \sigma \cdot e_j$ は e_j $(j = 1, 2, 3)$ を法線方向とする面に働く応力ベクトルであり，$e_i \cdot t$ $(= e_i \cdot \sigma \cdot e_j) = \sigma_{ij}$ は応力ベクトルの e_i $(i = 1, 2, 3)$ 方向成分である．この表記では，σ_{ij} の第1添え字が力の方向，第2添え字が面の方向に対応する．添え字を逆順にする書物もあるが，本書で扱うような通常の流体では応力テンソルは対称（$\sigma_{ji} = \sigma_{ij}$）である．したがって，成分を表す添え字を入れ換えても値は変わらない．

　流れによって変形しつつ移動する微小直方体要素 $\Delta x \Delta y \Delta z$ を考える．まず図10.2のように，x, y 断面に注目する．微小時間 Δt の角度変化は，辺 OA と辺 OB の方向変化の和として

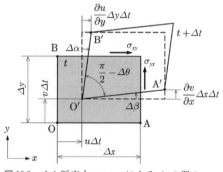

図10.2　せん断応力 $\sigma_{xy} = \sigma_{yx}$ による Δt の間の x, y 断面内での微小変形

$$\Delta\theta = \Delta\alpha + \Delta\beta \cong \tan\Delta\alpha + \tan\Delta\beta = \left(\frac{\partial u}{\partial y} + \frac{\partial v}{\partial x}\right)\Delta t \tag{10.3}$$

で与えられる．粘性摩擦応力は，角度の時間変化に比例する対称テンソルであるから，次のように表される．

$$\sigma_{xy} = \sigma_{yx} = \mu\frac{d\theta}{dt} = \mu\left(\frac{\partial u}{\partial y} + \frac{\partial v}{\partial x}\right) \tag{10.4}$$

他の面でも同様に扱うことができ，せん断応力の各成分は次式で与えられる．

$$\sigma_{yz} = \sigma_{zy} = \mu\left(\frac{\partial v}{\partial z} + \frac{\partial w}{\partial y}\right), \quad \sigma_{zx} = \sigma_{xz} = \mu\left(\frac{\partial w}{\partial x} + \frac{\partial u}{\partial z}\right) \tag{10.5}$$

　垂直応力 σ_{xx}, σ_{yy} だけが作用している微小直方体要素 $\Delta x \Delta y \Delta z$（$\Delta z$ は紙面奥行き方向の幅）については，$\sigma_{xx} = \sigma_{yy}$ でない限り x, y 方向の伸縮率が異なるから歪みが発生する．そこで，図10.3のように，せん断歪みが最大となる方向に座標変換してから粘性摩擦応力を考える．x, y 座標を z 軸のまわりに45°回転した $\bar{x}$, $\bar{y}$ 座標では，垂直応力とせん断応力の成分は次のように表される．

$$\bar{\sigma}_{xx} = \bar{\sigma}_{yy} = \frac{1}{2}(\sigma_{xx} + \sigma_{yy}),$$

$$\bar{\sigma}_{xy} = \bar{\sigma}_{yx} = \frac{1}{2}(\sigma_{yy} - \sigma_{xx}) \qquad (10.6)$$

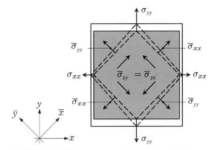

$\bar{x}$, $\bar{y}$ 座標における微小体積要素の各面に働く垂直応力は等方的（$\bar{\sigma}_{xx} = \bar{\sigma}_{yy}$）になるから要素の角度変化に関与しない. 微小時間 Δt の角度変化 $\Delta\theta$ に関する幾何学的な関係により

図 10.3　垂直応力 σ_{xx}, σ_{yy} による Δt の間の x, y 断面内での微小変形

$$\frac{d\theta}{dt} = \frac{\partial v}{\partial y} - \frac{\partial u}{\partial x} \qquad (10.7)$$

であるから，次式のように対応づけることができる.

$$\bar{\sigma}_{xy} = \bar{\sigma}_{yx} = \mu\left(\frac{\partial v}{\partial y} - \frac{\partial u}{\partial x}\right) \qquad (10.8)$$

すべての面に対して同様の計算を行うと，次の関係が得られる.

$$\sigma_{xx} - \sigma_{yy} = 2\mu\left(\frac{\partial u}{\partial x} - \frac{\partial v}{\partial y}\right), \quad \sigma_{yy} - \sigma_{zz} = 2\mu\left(\frac{\partial v}{\partial y} - \frac{\partial w}{\partial z}\right), \quad \sigma_{zz} - \sigma_{xx} = 2\mu\left(\frac{\partial w}{\partial z} - \frac{\partial u}{\partial x}\right)$$

$$(10.9)$$

法線応力の平均は圧力に等しいと仮定する**ストークスの関係**を用いて上式を解くと，以下のように垂直応力の各成分が求まる.

$$\sigma_{xx} = -P + 2\mu\frac{\partial u}{\partial x} - \frac{2}{3}\mu D, \quad \sigma_{yy} = -P + 2\mu\frac{\partial v}{\partial y} - \frac{2}{3}\mu D,$$

$$\sigma_{zz} = -P + 2\mu\frac{\partial w}{\partial z} - \frac{2}{3}\mu D \qquad (10.10)$$

ただし D は速度ベクトルの発散

$$D = \frac{\partial u}{\partial x} + \frac{\partial v}{\partial y} + \frac{\partial w}{\partial z} \quad \left(= \frac{\partial u_i}{\partial x_i}\right) \qquad (10.11)$$

である. 式 (10.4)，(10.5) および式 (10.10) をまとめると，ニュートン流体の構成方程式は

$$\sigma_{ij} = -\delta_{ij}P + \mu\left(\frac{\partial u_i}{\partial x_j} + \frac{\partial u_j}{\partial x_i}\right) - \frac{2}{3}\delta_{ij}\mu D \qquad (10.12)$$

となる. とくに非圧縮（$D = 0$）の場合には以下のようになる.

$$\sigma_{ij} = -\delta_{ij}P + \mu\left(\frac{\partial u_i}{\partial x_j} + \frac{\partial u_j}{\partial x_i}\right) \tag{10.13}$$

10.2　ナビエ-ストークスの運動方程式

　微小流体要素 $\Delta x \Delta y \Delta z$ の表面応力のうち x 方向の成分を図 10.4 に示す. この体積要素にはさらに単位質量当り x 方向に X_x の力が働いているとする.

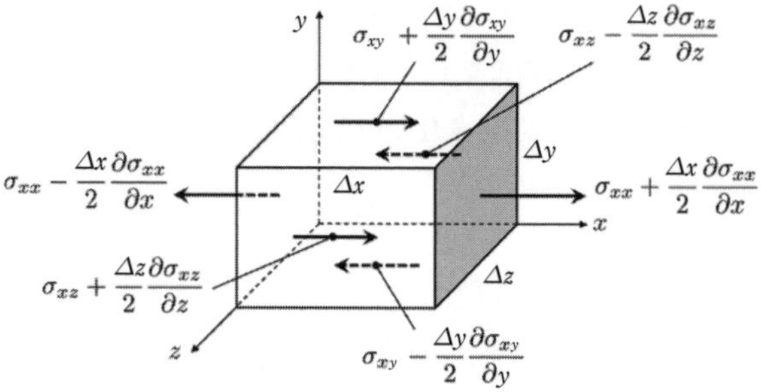

図 10.4　微小流体要素 $\Delta x \Delta y \Delta z$ にはたらく x 方向の応力

　この体積要素の運動方程式は

$$\rho\Delta x\Delta y\Delta z\frac{Du}{Dt} = \Delta y\Delta z\left[\left(\sigma_{xx}+\frac{\Delta x}{2}\frac{\partial\sigma_{xx}}{\partial x}\right)-\left(\sigma_{xx}-\frac{\Delta x}{2}\frac{\partial\sigma_{xx}}{\partial x}\right)\right]$$

$$+ \Delta x\Delta z\left[\left(\sigma_{xy}+\frac{\Delta y}{2}\frac{\partial\sigma_{xy}}{\partial y}\right)-\left(\sigma_{xy}-\frac{\Delta y}{2}\frac{\partial\sigma_{xy}}{\partial y}\right)\right]$$

$$+ \Delta x\Delta y\left[\left(\sigma_{xz}+\frac{\Delta z}{2}\frac{\partial\sigma_{xz}}{\partial z}\right)-\left(\sigma_{xz}-\frac{\Delta z}{2}\frac{\partial\sigma_{xz}}{\partial z}\right)\right]+\rho\Delta x\Delta y\Delta z X_x \tag{10.14}$$

で表される. これを整理すると

$$\rho\frac{Du}{Dt} = \frac{\partial\sigma_{xx}}{\partial x}+\frac{\partial\sigma_{xy}}{\partial y}+\frac{\partial\sigma_{xz}}{\partial z}+\rho X_x \tag{10.15}$$

となる. y, z 方向にも同様に考えることができるから

$$\rho\frac{Du_i}{Dt} = \frac{\partial\sigma_{ij}}{\partial x_j}+\rho X_i \tag{10.16}$$

とまとめることができる. なお, 左辺の加速度

$$\frac{Du_i}{Dt} = \frac{\partial u_i}{\partial t}+u_j\frac{\partial u_i}{\partial x_j} \tag{10.17}$$

については2章の式 (2.5), 8.2 節の式 (8.43)～(8.45) を参照のこと.

ここで，式 (10.16) の σ_{ij} に対してニュートン流体の構成方程式 (10.12) を代入すると**ナビエ-ストークス**（Navier-Stokes）**の運動方程式**

$$\rho \frac{Du_i}{Dt} = -\frac{\partial P}{\partial x_i} + \frac{\partial}{\partial x_j}\left[\mu\left(\frac{\partial u_i}{\partial x_j} + \frac{\partial u_j}{\partial x_i}\right) - \frac{2}{3}\delta_{ij}\mu D\right] + \rho X_i \tag{10.18}$$

が得られる．

非圧縮流れに対しては，連続の式

$$D = \frac{\partial u}{\partial x} + \frac{\partial v}{\partial y} + \frac{\partial w}{\partial z}\left(=\frac{\partial u_i}{\partial x_i}\right) = 0 \tag{10.19}$$

と運動方程式

$$\rho \frac{Du_i}{Dt} = -\frac{\partial P}{\partial x_i} + \frac{\partial}{\partial x_j}\left[\mu\left(\frac{\partial u_i}{\partial x_j} + \frac{\partial u_j}{\partial x_i}\right)\right] + \rho X_i \tag{10.20}$$

が支配方程式となる．のちの便宜のため，とくに粘性係数 μ も一定の場合の運動方程式を各方向について記述しておこう．ただし $\nu = \mu/\rho$ は動粘度である．

$$\frac{\partial u}{\partial t} + u\frac{\partial u}{\partial x} + v\frac{\partial u}{\partial y} + w\frac{\partial u}{\partial z} = -\frac{1}{\rho}\frac{\partial P}{\partial x} + \nu\left(\frac{\partial^2 u}{\partial x^2} + \frac{\partial^2 u}{\partial y^2} + \frac{\partial^2 u}{\partial z^2}\right) + \rho X \tag{10.21}$$

$$\frac{\partial v}{\partial t} + u\frac{\partial v}{\partial x} + v\frac{\partial v}{\partial y} + w\frac{\partial v}{\partial z} = -\frac{1}{\rho}\frac{\partial P}{\partial y} + \nu\left(\frac{\partial^2 v}{\partial x^2} + \frac{\partial^2 v}{\partial y^2} + \frac{\partial^2 v}{\partial z^2}\right) + \rho Y \tag{10.22}$$

$$\frac{\partial w}{\partial t} + u\frac{\partial w}{\partial x} + v\frac{\partial w}{\partial y} + w\frac{\partial w}{\partial z} = -\frac{1}{\rho}\frac{\partial P}{\partial z} + \nu\left(\frac{\partial^2 w}{\partial x^2} + \frac{\partial^2 w}{\partial y^2} + \frac{\partial^2 w}{\partial z^2}\right) + \rho Z \tag{10.23}$$

式 (10.21)～(10.23) には多くの仮定が含まれているが，水や空気の密度変化が無視できるような流れを扱う際に広く用いられる形式である．

なお，式 (10.18) において $\mu = 0$ とすれば非粘性流体の支配方程式であるオイラー（Euler）の運動方程式 (8.43)～(8.45) に帰着する．

管内の流れの扱いに供するため，密度 ρ および粘度 μ が一定の流体のナビエ-ストークス方程式を円筒座標系で表しておく．運動方程式は半径方向 (r)，周方向 (θ)，軸方向 (z) の順にそれぞれ

$$\tilde{D}_t u_r - \frac{u_\theta^2}{r} = -\frac{1}{\rho}\frac{\partial P}{\partial r} + \nu\left(Lu_r - \frac{2}{r^2}\frac{\partial u_\theta}{\partial \theta} - \frac{u_r}{r^2}\right)$$

$$\tilde{D}_t u_\theta + \frac{u_r u_\theta}{r} = -\frac{1}{\rho r}\frac{\partial P}{\partial \theta} + \nu\left(Lu_\theta + \frac{2}{r^2}\frac{\partial u_r}{\partial \theta} - \frac{u_\theta}{r^2}\right)$$

$$\tilde{D}_t u_z = -\frac{1}{\rho}\frac{\partial P}{\partial z} + \nu Lu_z \tag{10.24}$$

となる．ただし $\tilde{D}_t$ は以下の演算子，

$$\tilde{D}_t = \frac{\partial}{\partial t} + u_r \frac{\partial}{\partial r} + \frac{u_\theta}{r} \frac{\partial}{\partial \theta} + u_z \frac{\partial}{\partial z} \tag{10.25}$$

であり，演算子 L は

$$L = \frac{\partial^2}{\partial r^2} + \frac{1}{r} \frac{\partial}{\partial r} + \frac{1}{r^2} \frac{\partial^2}{\partial \theta^2} + \frac{\partial^2}{\partial z^2} \tag{10.26}$$

で表される．また，連続の式は

$$\frac{1}{r} \frac{\partial(ru_r)}{\partial r} + \frac{1}{r} \frac{\partial u_\theta}{\partial \theta} + \frac{\partial u_z}{\partial z} = 0 \tag{10.27}$$

である．

10.3　方程式の無次元化と無次元数

　外力としては重力のみを考慮し，鉛直上向きを z 方向（x_3 方向）とする．密度と粘度がそれぞれ一定の非圧縮流体のナビエ-ストークスの運動方程式は

$$\frac{\partial u_i}{\partial t} + u_j \frac{\partial u_i}{\partial x_j} = -\frac{1}{\rho} \frac{\partial P}{\partial x_i} + \nu \frac{\partial^2 u_i}{\partial x_j \partial x_j} - g\delta_{3i} \tag{10.28}$$

で表される．代表長さ L，代表速度 U によって無次元化された変数

$$x_i^* = \frac{x_i}{L}, \quad u_i^* = \frac{u_i}{U}, \quad t^* = \frac{t}{L/U}, \quad P^* = \frac{P}{\rho U^2} \tag{10.29}$$

を用い，連続の式（10.19）および運動方程式（10.28）を無次元化すると

$$\frac{\partial u_i^*}{\partial x_i^*} = 0, \quad \frac{\partial u_i^*}{\partial t^*} + u_j^* \frac{\partial u_i^*}{\partial x_j^*} = -\frac{\partial P^*}{\partial x_i^*} + \frac{\nu}{UL} \frac{\partial^2 u_i^*}{\partial x_j^* \partial x_j^*} - \frac{gL}{U^2} \delta_{3i} \tag{10.30}$$

となり，2つの無次元数，すなわちレイノルズ数

$$\mathrm{Re} = \frac{UL}{\nu} \tag{10.31}$$

および**フルード数**（Froude number）

$$\mathrm{Fr} = \frac{U}{\sqrt{gL}} \tag{10.32}$$

が現れる．これらを用いて，無次元を表す上付き添え字（*）を省略してナビエ-ストークス方程式を書けば以下のようになる．

$$\frac{\partial u_i}{\partial x_i}=0, \quad \frac{\partial u_i}{\partial t}+u_j\frac{\partial u_i}{\partial x_j}=-\frac{\partial P}{\partial x_i}+\frac{1}{\mathrm{Re}}\frac{\partial^2 u_i}{\partial x_j\partial x_j}-\frac{1}{\mathrm{Fr}^2}\delta_{3i} \tag{10.33}$$

これは，重力下にある非圧縮流れでは，模型の寸法や流体の物性を変えた実験に
おいても，境界条件とともにレイノルズ数とフルード数を一致させれば相似な流
れが得られることを意味している.

10.4　ナビエ-ストークス方程式の厳密解の例

　ナビエ-ストークス方程式は非線形であり，ごく限られた場合を除いて，数式で
表現するという形での解を求めることは困難である. ここでは，ナビエ-ストーク
ス方程式を線形化できる代表例について解を示しておこう.

10.4.1　定常流れ

　無限に広い平行な平板間において一定圧力勾配 dP/dx により維持される定常流
れを考える. 流路幅を H とする. 流れの方向に x, 壁に垂直に y, 両者に直交す
る横断方向に z 座標を設定する. 下壁（$y=0$）は静止しており，上壁（$y=H$）は
x 方向に一定速度 U で動いているとする. 定常流れだから $\partial/\partial t=0$, x, z 方向に
は一様な流れとなるから $\partial/\partial x=0$, $\partial/\partial z=0$ である. まず，連続の式（10.19）は
$\partial v/\partial y=0$ となるが，壁面で $v=0$ の境界条件から，至るところ $v=0$ である. 次
に，横断方向の運動方程式（10.23）は $\partial^2 w/\partial y^2=0$ となるが，壁面で $w=0$ の境
界条件から，至るところ $w=0$ である. 以上より，主流方向の運動方程式（10.21）
は

$$\frac{d^2 u}{dy^2}=\frac{1}{\mu}\frac{dP}{dx} \tag{10.34}$$

で表される. これを境界条件（$u(0)=0$, $y(H)=U$）のもとに解くと

$$u(y)=\frac{U}{H}y-\frac{1}{2\mu}\frac{dP}{dx}(Hy-y^2) \tag{10.35}$$

となる. 式（10.35）において，圧力勾配がない場合には直線型の速度分布

$$u(y)=\frac{U}{H}y \tag{10.36}$$

となる. これをクエット流という（1.3節，3.4節参照）. 式（10.34）において，
壁が静止している場合には放物型の速度分布

$$u(y) = -\frac{1}{2\mu}\frac{dP}{dx}(Hy - y^2) \tag{10.37}$$

となる．これを（平板）ポアズイユ流ということがある．式（10.36），（10.37）は同じ線形微分方程式の解だから式（10.35）のように重ね合わせができる．これをクエット–ポアズイユ流ということがある．

10.4.2 非定常流れ

無限に広い平板が $y=0$ にあり，$t \leqq 0$ では平板も流体も静止しているが，$t>0$ では平板が x 方向に一定速度 U で動くことにより生じる半無限空間（$y \geqq 0$）の流れを考える．これは**レイリー問題**と呼ばれる非定常流れである．流れは x, z 方向には一様だから，$\partial/\partial x = 0$, $\partial/\partial z = 0$ である．境界条件は，壁面上（$y=0$）で

$$u = \begin{cases} 0, & t \leqq 0 \\ U, & t > 0 \end{cases} \tag{10.38}$$

および $v=w=0$ であり，無限遠（$y=\infty$）では常に $u=v=w=0$ である．前節と同様に，連続の式は $\partial v/\partial y = 0$，横断方向の運動方程式は $\partial^2 w/\partial y^2 = 0$ となり，これらと境界条件から，いたるところ $v=w=0$ である．主流方向の運動方程式（10.21）は線形拡散方程式

$$\frac{\partial u}{\partial t} = \nu \frac{\partial^2 u}{\partial y^2} \tag{10.39}$$

となる．拡散方程式は放物型偏微分方程式の１つである．

この流れを（後述のように相似解になることがわかっているので）無次元化して求めることにする．まず，U を基準として無次元流速を

$$f = \frac{u}{U} \tag{10.40}$$

と置く．一方，長さの代表スケールを与える物体は存在しないが，$f = F(y, t, \nu)$ となるはずの解を無次元で表すためには y, t, ν でつくられる無次元数を決めればよい．ここでは後の便宜のため

$$\eta = \frac{y}{2\sqrt{\nu t}} \tag{10.41}$$

として解 $f = f(\eta)$ を求めてみよう．f と η を用いれば式（10.39）は

$$\frac{d^2 f}{d\eta^2} + 2\eta \frac{df}{d\eta} = 0 \tag{10.42}$$

となる．これを

$$2\eta = -\frac{\dfrac{d^2 f}{d\eta^2}}{\dfrac{df}{d\eta}} = -\frac{d}{d\eta}\left(\ln\frac{df}{d\eta}\right) \tag{10.43}$$

と変形してから解くと

$$f = A\int_0^\eta \exp(-\eta^2)\,d\eta + B \tag{10.44}$$

となる．$t>0$ における $y=0$ は $\eta=0$ に対応するが，このとき $f=1$ であるから $B=1$ である．一方，$t=0$ と $y=\infty$ はともに $\eta=\infty$ に対応するが，このとき $f=0$ であるから $A=2/\sqrt{\pi}$ となる．したがって，無次元の解は

$$f = 1 - \frac{2}{\sqrt{\pi}}\int_0^\eta \exp(-\eta^2)\,d\eta = 1 - \mathrm{erf}\,\eta \tag{10.45}$$

となる．ただし erf η は誤差関数である．図 10.5 に $\nu=10^{-6}\,\mathrm{m}^2/\mathrm{s}$ としたときの解と無次元解を示す．後者は，時間が経過しても y 座標を $\sqrt{\nu t}$ で無次元化すれば関数形は変わらない**相似解**であることを示している．

この流れの壁面摩擦応力 τ_w は時間の関数として

$$\tau_w(t) = \mu\frac{\partial u}{\partial y}\bigg|_{y=0} = -\frac{\rho\sqrt{\nu}U}{\sqrt{\pi t}} \tag{10.46}$$

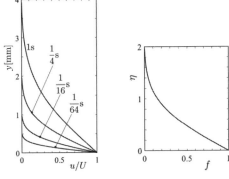

(a)　$\nu=10^{-6}\mathrm{m}^2/\mathrm{s}$ のとき　　(b)　相似解

図 10.5　レイリー問題の解

となり，板を動かした瞬間に無限大のせん断応力が発生する．実際にはステップ関数的に速度を与えることは不可能であるが，例えば洗浄液の流れを何度も加速する状況をつくると洗浄効果が高まることを式（10.46）は示している．また，erf 2 $=0.995$ を参考にすると，u が U の 0.5% となる壁からの距離 δ は $\delta=4\sqrt{\nu t}$ である．これは時間 t で粘性の影響の及ぶ範囲の目安となる．物体まわりの流れでは，流体が物体の前縁に達してから t の間に移動する距離を $x=Ut$ で換算すると，壁の影響は $\delta=4\sqrt{\nu x/U}$ の厚みまで達すると見積もられる．この関係は既に式（7.6）

に示したが，改めて 10.6 節で後述する境界層理論に通じる結果である．

10.5　ストークス近似

　非線形である慣性項（$u_j \partial u_i / \partial x_j$）の大きさが他の項に対してきわめて小さいために線形近似できる場合を扱う．このように近似を含む場合には，得られた結果が当初の仮定と矛盾しないことに注意を払う必要がある．

　代表長さを L，代表速度を U としてナビエ–ストークス式（10.20）の慣性項（移流項）と粘性項の大きさの比を見積もると

$$\frac{u_j \dfrac{\partial u_i}{\partial x_j}}{\nu \left(\dfrac{\partial^2 u_i}{\partial x_j \partial x_j} \right)} \sim \frac{\dfrac{U^2}{L}}{\dfrac{\nu U}{L^2}} = \frac{UL}{\nu} = \mathrm{Re} \tag{10.47}$$

となる．このレイノルズ数が非常に小さいとして慣性項を省略することを**ストークス近似**という．ストークス近似された非圧縮流れの基礎式は

$$\frac{\partial u_i}{\partial t} = -\frac{1}{\rho}\frac{\partial P}{\partial x_i} + \nu \frac{\partial^2 u_i}{\partial x_j \partial x_j} + X_i, \quad \frac{\partial u_i}{\partial x_i} = 0 \tag{10.48}$$

で与えられる．外力のない場合，上の第 1 式の発散をとって第 2 式を考慮すれば，圧力場に対するラプラス方程式

$$\frac{\partial^2 P}{\partial x_j \partial x_j} = 0 \tag{10.49}$$

が導かれる．つまり圧力場は調和関数で表される．

　ここでは定常な一様流中にある剛体球のまわりの軸対称流れを仮定する．そのため，図 10.6 のように球座標を用い，主流を z 方向とすると，境界条件は

$r=a$ で $u_r = u_\theta = 0$；

$r = \infty$ で $u_r = U \cos\theta$,

$\quad u_\theta = -U \sin\theta \tag{10.50}$

である．途中を省略して解を示す．半径 a の球のまわりの軸対称流れの速度分布は

$$u_r = U\left(1 - \frac{3a}{2r} + \frac{a^3}{2r^3}\right)\cos\theta \tag{10.51}$$

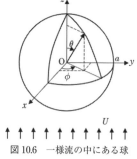

図 10.6　一様流の中にある球

$$u_\theta = U\left(-1 + \frac{3a}{4r} + \frac{a^3}{4r^3}\right)\sin\theta \tag{10.52}$$

圧力分布は，無限遠での圧力を P_0 とすると

$$P = P_0 - \frac{3}{2}\mu Ua\frac{\cos\theta}{r^2} \tag{10.53}$$

となり，これらにより，球面上の垂直応力 σ とせん断応力 τ はそれぞれ

$$\sigma = \left[-P + 2\mu\frac{\partial u_r}{\partial r}\right]_{r=a} \tag{10.54}$$

$$\tau = \mu\left[\frac{1}{r}\frac{\partial u_r}{\partial\theta} + \frac{\partial u_\theta}{\partial r} - \frac{u_\theta}{r}\right]_{r=a} \tag{10.55}$$

で与えられる．これらの z 方向成分を表面積分すれば，球に働く抗力

$$D = \int_S (\sigma\cos\theta - \tau\sin\theta)\,dS = 6\pi\mu Ua \tag{10.56}$$

が求められ，さらに抗力係数

$$C_D = \frac{D}{\frac{1}{2}\rho U^2 S} = \frac{24}{\mathrm{Re}} \tag{10.57}$$

が得られる．ただし，$\mathrm{Re} = 2aU/\nu$ は球の直径と一様流速に基づくレイノルズ数である．式（10.56），（10.57）を**ストークスの抵抗則**という．図 7.5 にみられるように，これが成立するのは $\mathrm{Re} < 1$ のごく低レイノルズ数に限られる．液体中の沈殿物の沈降，空気中の霧滴の落下などを微小な球形物体まわりの遅い流れとして扱う場合がこれに相当する．

10.6 境 界 層 理 論

　境界層については既に 7.1 節で概要を学んだ．物体まわりの高レイノルズ数流れにおいては，大域的には 9.2 節で扱われた非粘性・渦なしのポテンシャル流れで近似して差し支えない．しかし，実在の流体には粘性があり，クヌッセン数が高くない場合には，物体表面では流体の速度と物体の速度は等しいとする**滑りなし**（ノンスリップもしくは粘着）**の境界条件**が適用される．プラントル（Prandtl）は物体表面からポテンシャル流れで表される主流までの領域を境界層と名づけた．7.1 節で説明したように，レイノルズ数が高いほど境界層は薄くなる．境界層の内

部では，速度勾配が大きいため，粘性の影響が大きく渦度を無視できない．物体の近傍に境界層を考慮することにより，ポテンシャル流れでは表しえない物体に働く抵抗が求められる．このように，流れ場を大域的なポテンシャル流れと物体近傍の境界層に分け，両者を接続させる考え方はプラントルの学派によって 20 世紀の半ばに確立されたものである．近年では大規模な数値シミュレーションによってナビエ–ストークス式で全域を扱うことも不可能ではないが，その計算条件の設定にも境界層の知識が不可欠である．

10.6.1　境界層近似式

図 10.7 のように薄い平板に沿って発達する非圧縮流れの境界層を考える．前縁（以下 L.E.）からの距離を x，そこでの境界層厚さを $\delta(x)$ とする．境界層厚さの定義については 7.1 節参照．

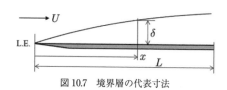

図 10.7　境界層の代表寸法

境界層内の流れに対しても，ナビエ–ストークス式（10.20）と連続の式（10.19）は成立する．境界層内で両式に現れる各パラメーターについてスケールを比較してみよう．境界層の内部でとりうる値を考慮すれば，x 方向の流速 u は U，x 方向の長さは L，壁に垂直な y 方向は δ のスケールをそれぞれもつと考えられる．ただし，レイノルズ数 UL/ν が高い場合には $\delta \ll L$ となる．以下，式の各項のスケールを $x \sim L$ などと表すことにする．不明な時点では例えば f に対して $f \sim \langle f \rangle$ などとしておく．二次元非圧縮流れの連続の式

$$\frac{\partial u}{\partial x} + \frac{\partial v}{\partial y} = 0 \tag{10.58}$$

のスケールは，第 1 項は U/L，第 2 項は $\langle v \rangle / \delta$ となる．両者は同等でなければならないから $\langle v \rangle = (\delta/L)\,U \ll U$ である．

次に運動方程式のスケール評価を行う．ただし，ここでは定常，外力なしの場合に限定する．主流方向の運動方程式

$$u\,\frac{\partial u}{\partial x} + v\,\frac{\partial u}{\partial y} = -\frac{1}{\rho}\,\frac{\partial P}{\partial x} + \nu\left(\frac{\partial^2 u}{\partial x^2} + \frac{\partial^2 u}{\partial y^2}\right) \tag{10.59}$$

には大小関係が不明な項もあるが，少なくとも $\partial^2 u/\partial x^2 \sim U/L^2$，$\partial^2 u/\partial y^2 \sim U/\delta^2$ であるから，前者は後者に比べて非常に小さい．一方，垂直方向の運動方程式で速度の含まれる項はすべて式（10.59）の対応する項に対して $\langle v \rangle / U\ (= \delta/L \ll 1)$

倍のスケールと評価される. したがって, 境界層近似では圧力の垂直方向勾配 $\partial P/\partial y$ は主流の圧力勾配 $\partial P/\partial x$ に対して著しく小さく, 境界層内の圧力 $P(x, y)$ は境界層外縁での $P(x, \delta(x))$、すなわち主流の圧力に近い. 主流を非粘性流れとみなし, 境界層内と区別して流速を U, V, 圧力を P^* と書けば, その支配方程式は

$$U\frac{\partial U}{\partial x} + V\frac{\partial U}{\partial y} = -\frac{1}{\rho}\frac{\partial P^*}{\partial x} \tag{10.60}$$

であり, $\partial P/\partial y \sim 0$ を考慮すれば $\partial P/\partial x \sim \partial P^*/\partial x$ と近似できる. また, 左辺第2項は, 境界層の外側では y が δ のようなスケールをもたないので第1項に比べて小さい. 以上を総合すると, 境界層近似された定常流れの運動方程式

$$u\frac{\partial u}{\partial x} + v\frac{\partial u}{\partial y} = U\frac{\partial U}{\partial x} + \nu\frac{\partial^2 u}{\partial y^2}, \quad \frac{\partial P}{\partial y} = 0 \tag{10.61}$$

が得られる. 式 (10.59) に比べてさほど簡略化されていないように見えるかもしれないが, 主流方向の運動方程式から圧力が消去されており, 外縁の速度分布が与えられれば境界層内の流れを解くことができる形になっている.

10.6.2 平板境界層

一様流れに平行に置かれた平板のまわりに発達する境界層内の速度分布は, 式 (10.61) において $\partial U/\partial x = 0$ として, 連続の式 (10.58) および境界条件

$$u = v = 0, \quad \text{at} \quad y = 0 ; u = U, \quad \text{at} \quad y = \infty \tag{10.62}$$

とともに解くことにより得られる. ここで, 図10.8のように相似速度分布を仮定しよう. これは, どの x 断面においても無次元速度分布 u/U は境界層厚さで無次元化された壁からの距離 y/δ の関数として同じ分布となるという考えである.

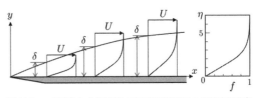

図10.8 一様流れによる平板に沿う層流境界層の相似速度分布

ここで, 10.4.2項の議論から, 境界層厚さを $\delta \propto \sqrt{\nu x/U}$ として $\eta = y/\sqrt{\nu x/U}$ とおく. 連続の式を満たす流れ関数 ψ を導入すれば

$$\frac{u}{U} = \frac{1}{U}\frac{\partial \psi}{\partial y} = \frac{\partial f}{\partial \eta}, \quad f = \frac{\psi}{\sqrt{\nu x U}} \tag{10.63}$$

であるから, 基礎方程式は常微分方程式

$$f\frac{d^2f}{d\eta^2}+2\frac{d^3f}{d\eta^3}=0 \tag{10.64}$$

としてまとめることができる．境界条件式（10.62）は

$$f=0, \frac{df}{d\eta}=0 \quad \text{at} \quad \eta=0 \,; f=1, \quad \text{at} \quad \eta=\infty \tag{10.65}$$

となる．式（10.64）は非線形であるため容易に解くことはできず，解を数式で表すことも困難である．一般にはブラジウス（Blasius）による解法の結果が数表として与えられている．図 10.8 の右側は**ブラジウスの解**による相似速度分布である．

10.7 【発展】境界層の積分方程式

境界層の内部の速度分布にかかわらず，巨視的に成り立つ運動量の収支から，運動量厚さと摩擦抵抗の関係を考察する．図 10.9 のような境界層内で前縁から $x \sim x+\Delta x$ の検査体積 ABCD に

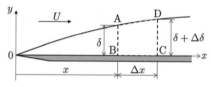

図 10.9 境界層内の検査体積

おいて，質量および運動量の収支を調べる．収支計算では，単位時間当り，紙面に奥行き方向には単位長さ当りを考える．

断面 AB から流入する質量，断面 CD から流出する質量はそれぞれ

$$\int_0^\delta \rho u dy, \quad \int_0^\delta \rho u dy + \Delta x \frac{\partial}{\partial x}\int_0^\delta \rho u dy \tag{10.66}$$

で表されるから，境界層外縁 AD からは

$$\dot{m}=-\Delta x \frac{\partial}{\partial x}\int_0^\delta \rho u dy \tag{10.67}$$

の流出がある．次に，断面 AB から流入する運動量，断面 CD から流出する運動量はそれぞれ

$$\int_0^\delta \rho u^2 dy, \quad \int_0^\delta \rho u^2 dy + \Delta x \frac{\partial}{\partial x}\int_0^\delta \rho u^2 dy \tag{10.68}$$

で表され，かつ AD から

$$\dot{m}U=-\Delta x U \frac{\partial}{\partial x}\int_0^\delta \rho u dy \tag{10.69}$$

の運動量流出がある．一方，検査体積に働く力は

$$P\delta + P\Delta\delta - \left[P\delta + \Delta x\,\frac{\partial(P\delta)}{\partial x}\right] - \tau_w\Delta x \tag{10.70}$$

である．ただし，第1～3項はそれぞれ断面 AB，AD，CD における圧力，第4項の τ_w は壁面摩擦応力の寄与である．以上より，検査体積 ABCD における時間変化も考慮した運動量の収支をまとめると

$$\frac{\partial}{\partial t}\int_0^\delta \rho u\,dy + \frac{\partial}{\partial x}\int_0^\delta \rho(u-U)u\,dy + \frac{\partial U}{\partial x}\int_0^\delta \rho u\,dy = -\frac{\partial P}{\partial x}\delta - \tau_w \tag{10.71}$$

となる．これに対して式 (7.2)，(7.4) で定義された排除厚さ δ^* と運動量厚さ δ^+ を用いれば，次のように整理することができる．

$$\frac{\partial}{\partial t}(U\delta^*) + \frac{\partial}{\partial x}(U^2\delta^+) + \delta U\frac{\partial U}{\partial x} = \frac{\tau_w}{\rho} \tag{10.72}$$

これは**カルマンの積分方程式**の表記の1つである．定常一様流に沿う境界層では

$$\frac{\partial\delta^+}{\partial x} = \frac{\tau_w}{\rho U^2} \tag{10.73}$$

となり，式 (7.4) で定義した，運動量の排除を表す運動量厚さの発達は壁面摩擦応力に起因することがわかる．

いま，相似境界層の速度分布

$$\phi(\eta) = \frac{u(x,y)}{U(x)}, \qquad \eta = \frac{y}{\delta(x)} \tag{10.74}$$

がわかっているとしよう．あらかじめ ϕ に応じた定数群

$$\alpha_1 = \int_0^1 \phi(1-\phi)\,d\eta, \qquad \alpha_2 = \int_0^1 (1-\phi)\,d\eta, \qquad \beta = \phi'(0) \tag{10.75}$$

を計算しておけば

$$\delta^+ = \alpha_1\delta, \qquad \delta^* = \alpha_2\delta, \qquad \tau_w = \beta\frac{\mu U}{\delta} \tag{10.76}$$

の関係があるから，積分方程式は

$$\alpha_2\frac{\partial}{\partial t}(U\delta) + \alpha_1\frac{\partial}{\partial x}(U^2\delta) + \delta U\frac{\partial U}{\partial x} = \beta\frac{\nu U}{\delta} \tag{10.77}$$

と，境界層厚さ δ のみの式となる．定常一様流に沿う境界層に対して

$$\frac{d}{dx}\delta^2 = 2\frac{\beta}{\alpha_1}\frac{\nu}{U} \tag{10.78}$$

を $x=0$ で $\delta=0$ として解けば

$$\delta = \sqrt{2\frac{\beta}{\alpha_1}}\sqrt{\frac{\nu x}{U}} \tag{10.79}$$

となる．この結果より，境界層が相似速度分布を保っていれば，その厚さは前縁からの距離の平方根に比例することがわかる．

10.8 乱　　　流

　乱流を明確に定義することは容易ではないが，おおむね「初期条件および境界条件が既知であっても，微小な外乱が増幅される結果，流動が一義的に決定されずに確率的であり，高レイノルズ数の流れに生じる非線形現象」が共通した認識であろう．乱流は，不規則な非定常3次元現象であることに加えて，強い拡散作用をもつこと，大きなエネルギー散逸をもつことが知られている．例えば，煙突からの排気は大気の乱流によりすみやかに拡散されるため，下流の特定の場所で大きな被害が発生する可能性は低いが，いったん放出された汚染物質の回収は難しくなる．また，層流状態では流れが剥離しやすいが，ゴルフボールのディンプルや翼の渦発生器の粗さ要素により乱流を促進すると剥離を抑制できる場合がある．したがって，層流からの遷移や乱流の状態を制御することができれば，工学的な意義は非常に大きい．

　乱流では非線形性が顕在化して，支配方程式の解はカオス的なふるまいをする．しかし，工学的には，平均的な流れと変動の強さを把握できれば十分な場合が多い．そのような目的で導かれてきた乱流の記述方法について，以下で概説する．

10.8.1　レイノルズ平均と乱流応力

　不規則変動を含むデータに対して，変動を取り除いて大きなスケールの変化だけを見るための簡便な方法として，概念的には時間平均や空間平均があり，測定値の処理ではアンサンブル平均がなじみ深い．

$$
\begin{aligned}
&\text{時間平均} && \bar{f}^T = \frac{1}{T}\int_0^T f(\boldsymbol{r},\,t)\,dt \\[2mm]
&\text{空間平均} && \bar{f}^V = \frac{1}{V}\iiint_V f(\boldsymbol{r},\,t)\,dV \\[2mm]
&\text{アンサンブル平均} && \bar{f}^N = \frac{1}{N}\sum_{n=1}^N f_n(\boldsymbol{r},\,t)
\end{aligned} \tag{10.80}
$$

平均をとるための時間 T, 空間 V, サンプル数 N は, 不規則変動は除去するが, 平均流れの変化は残る程度の「ほどよい大きさ」が理想である. しかし, それは一意には決まらず, 平均流れと乱れのスケールは明確に分離できない. また, ゆったりとした変動は, その起源が判明している場合を除き, 平均流れの時間的変化なのか, 乱流変動なのか, 識別は難しい.

　そこで, 平均操作そのものに深入りせず, 平均化された場の性質に着目しよう. 流れ場を $u_i = \bar{u}_i + u'_i$, $P = \bar{P} + P'$ と, 平均 $\bar{u}_i$, $\bar{P}$ と変動 u'_i, P' に分ける. この「平均」は次のような関係を満たすとする.

$$\bar{\bar{u}}_i = \bar{u}_i, \quad \overline{u'_i} = 0, \quad \overline{\bar{u}_i u'_j} = 0 \tag{10.81}$$

また, 微分操作と平均操作の順序は交換可能

$$\overline{\frac{\partial u}{\partial t}} = \frac{\partial \bar{u}}{\partial t}, \quad \overline{\frac{\partial u}{\partial x}} = \frac{\partial \bar{u}}{\partial x} \tag{10.82}$$

つまり平均操作は時間的にも空間的にも一様とする. 以上の性質をもつ平均操作をレイノルズ平均という.

　非圧縮流れの連続の式 (10.19) に平均操作を施し, 式 (10.82) を考慮すると

$$\frac{\partial \bar{u}_j}{\partial x_j} = 0 \tag{10.83}$$

となり, 式 (10.19) と式 (10.83) の差から,

$$\frac{\partial u'_j}{\partial x_j} = 0 \tag{10.84}$$

となる. 非圧縮乱流については, 平均速度に対しても速度変動に対しても速度ベクトルの発散がゼロという連続条件が成立する.

　非圧縮ナビエ-ストークスの運動方程式を再録しておこう.

$$\frac{\partial \rho u_i}{\partial t} + \frac{\partial \rho u_i u_j}{\partial x_j} = -\frac{\partial P}{\partial x_i} + \frac{\partial}{\partial x_j}\left[\mu\left(\frac{\partial u_i}{\partial x_j} + \frac{\partial u_j}{\partial x_i}\right)\right] + \rho X_i \tag{10.85}$$

後の説明の都合上, ρ を乗じて応力の次元を明示的にしているが, 式 (10.85) は式 (10.20) と等価である. ここで, 外力には変動はないと考え, 密度および粘度を一定として平均操作を施し, 式 (10.82) を考慮すると以下のようになる.

$$\frac{\partial \rho \bar{u}_i}{\partial t} + \frac{\partial \rho \overline{u_i u_j}}{\partial x_j} = -\frac{\partial \bar{P}}{\partial x_i} + \frac{\partial}{\partial x_j}\left[\mu\left(\frac{\partial \bar{u}_i}{\partial x_j} + \frac{\partial \bar{u}_j}{\partial x_i}\right)\right] + \rho X_i \tag{10.86}$$

求めたいのは平均流れ場 $(\bar{u}_i, \bar{P})$ の式であるが, 左辺第 2 項にはこれらでは表されない $\overline{u_i u_j}$ がある. そこで, $\overline{u_i u_j}$ と $\bar{u}_i \bar{u}_j$ の違いを調べるためにレイノルズ平均

（10.81）の考え方にしたがって次のように分解してみる.

$$\overline{u_i u_j} = \overline{(\bar{u}_i + u'_i)(\bar{u}_j + u'_j)} = \bar{u}_i \bar{u}_j + \overline{u'_i u'_j} \tag{10.87}$$

この関係から，式（10.86）は次のようになる.

$$\frac{\partial \rho \bar{u}_i}{\partial t} + \frac{\partial \rho \bar{u}_i \bar{u}_j}{\partial x_j} = -\frac{\partial \bar{P}}{\partial x_i} + \frac{\partial}{\partial x_j}\left[\mu\left(\frac{\partial \bar{u}_i}{\partial x_j} + \frac{\partial \bar{u}_j}{\partial x_i}\right) - \rho \overline{u'_i u'_j}\right] + \rho X_i \tag{10.88}$$

平均操作によって分離したはずの乱れの影響が，平均流れ場の方程式の中に付加的な応力（$-\rho\overline{u'_i u'_j}$）の形で現れている. このように平均と変動の切り離すことのできない関係は非線形性に起因するものである.

図 10.10 のように，運動量の x 方向成分は単位体積当り ρu であり，これが x, z 面を通して単位面積・単位時間当り法線方向速度変動 v' で輸送されるとする. y 方向への運動量輸送の平均は $\overline{\rho u \cdot v'} = \rho \overline{u'v'}$ である. 面よりも下の流体側からみれば，面の

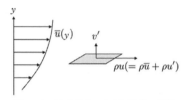

図 10.10　速度変動による運動量の輸送

外向き法線方向は y 方向であり，その面を通して単位面積・単位時間当り $\rho\overline{u'v'}$ の運動量が流出することになる. したがって，面に作用する応力（速度変動による運動量輸送）は次のように表される.

$$\tau_t = -\rho \overline{u'v'} \tag{10.89}$$

これを一般的に表現して，式（10.88）に現れる $-\rho\overline{u'_i u'_j}$ を乱流応力あるいは**レイノルズ応力**という. 直観的には，$\partial\bar{u}/\partial y > 0$ とするとき，平均 $\bar{u}$ より速い流体粒子（$u'>0$）が下向き（低速側）に運動（$v'<0$）する場合，平均 $\bar{u}$ より遅い流体粒子（$u'<0$）が上向き（高速側）に運動（$v'>0$）する場合，いずれも $u'v'<0$ となり，$\tau_t>0$ となって速度勾配を緩和する方向に作用する.

10.8.2　渦　粘　性

粘性応力は，図 10.11(a) のように，流体を構成する分子のランダム運動と分子間相互作用により発生する. 気体分子運動論から導かれる粘性応力は

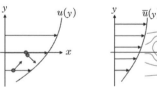

(a)　分子粘性　　　(b)　乱流の渦粘性
図 10.11　分子運動と乱流運動による運動量輸送

$$\tau = \mu \frac{\partial u}{\partial y} \sim \frac{2}{3}\rho a\xi \frac{\partial u}{\partial y} \tag{10.90}$$

で表され，aは分子運動の速さ，ξは平均自由行路である．図 10.11(b)のように，乱れ（不規則な渦運動）によっても，流体粒子が運動量を速度勾配方向に輸送し，結果として応力が発生すると考えられる．そこで，渦による運動量輸送効果を分子運動による粘性効果と類推的に考え，次のように表現してみる．

$$\tau_t \left(= -\rho\overline{u'v'} \right) = \mu_t \frac{\partial \bar{u}}{\partial y} \tag{10.91}$$

この考えはブシネスク（Boussinesq）によって提唱されたもので，μ_tを**渦粘性係数**（$\nu_t = \mu_t/\rho$ を渦動粘性係数）という．上式をさらに一般化すれば

$$-\rho\overline{u'_i u'_j} = \mu_t \left(\frac{\partial \bar{u}_i}{\partial x_j} + \frac{\partial \bar{u}_j}{\partial x_i} \right) - \frac{2}{3}\delta_{ij}\rho k \tag{10.92}$$

と記述できる．ここで，kは乱れの運動エネルギー

$$k = \frac{1}{2}(\overline{u'^2} + \overline{v'^2} + \overline{w'^2}) = \frac{1}{2}\overline{u'_i u'_i} \tag{10.93}$$

であり，式（10.92）の右辺第 2 項が必要な理由は，両辺の縮約（jをiに変え総和をとる）から確認できる．これを平均流れの運動方程式に代入すると

$$\frac{\partial \rho\bar{u}_i}{\partial t} + \frac{\partial \rho\bar{u}_i\bar{u}_j}{\partial x_j} = -\frac{\partial \tilde{P}}{\partial x_i} + \frac{\partial}{\partial x_j}\left[(\mu + \mu_t)\left(\frac{\partial \bar{u}_i}{\partial x_j} + \frac{\partial \bar{u}_j}{\partial x_i} \right) \right] + \rho X_i \tag{10.94}$$

となり，乱流の平均流れの運動方程式では見かけ上，ナビエ-ストークス式における分子粘性応力に対して渦粘性応力が付加され，平均圧力 $\bar{P}$ が $\tilde{P} = \bar{P} + (2/3)\rho k$ に代わっている．渦粘性係数 μ_t が与えられ，適切な初期条件と境界条件が設定されれば，平均流れに対する連続の式（10.83）と運動方程式（10.94）は，変数（$\bar{u}_i$，$\tilde{P}$）で表される場を求める方程式系として数学的に閉じる．ただし，分子粘性係数 μ は流体の物性とみなされるのに対して，渦粘性係数 μ_t は乱流の現象を反映したものであり，後者を一般的に与える理論はない．

　乱流におけるレイノルズ応力および渦粘性の重要性をみておこう．図 10.12 のように，層流（ハーゲン-ポアズイユ流）では，速度分布が放物型となり，その 1 階微分である粘性応力は直線分布となって平均圧力勾配とつりあう．一方，乱流の速度分布は，流路中央部で平坦となり，壁近傍で急勾配になる．したがって，粘性応力は壁近傍だけで

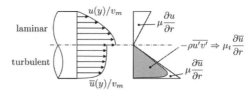

図 10.12　十分に発達した円管内流れの速度と剪断応力の分布

大きく，乱流では層流に比べて同じ流量に対して壁面摩擦は著しく大きくなる．一方，流路中央部ではレイノルズ応力が支配的になる．乱流では，粘性応力とレイノルズ応力の和が直線分布となって平均圧力勾配とつりあう．この図から，固体壁に沿う乱流の平均速度分布に関しては，壁のごく近傍を除き，粘性応力に比べてレイノルズ応力の影響が圧倒的に大きいことがみてとれる．

10.8.3 乱流境界層の速度分布

乱流境界層は，壁のごく近傍の渦，境界層厚さ程度のスケールの渦など，多層的な渦構造から構成されている．乱流境界層内の平均流速，乱れの強さ，レイノルズ応力については，図10.13のような多くの測定例がある．

式（10.88）より，境界層内の摩擦応力は次式で与えられる．

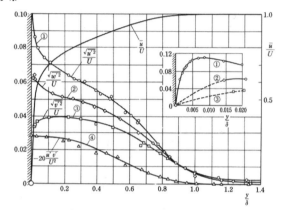

図10.13　乱流境界層内の速度およびレイノルズ応力の分布
（H. Schlichting: *Boundary-Layer Theory 7th ed.*, McGraw-Hill, 1979）

$$\tau = \mu \frac{\partial \bar{u}}{\partial y} - \rho \overline{u'v'} \tag{10.95}$$

第1項は粘性摩擦応力，第2項はレイノルズせん断応力である．ここで，境界層の速度分布を整理するための代表速度を導入しよう．応力の次元を考慮すると，$\tau \sim \rho U^2$ であるから，壁面摩擦応力 τ_w に対応する速度を次のように決めることができる．

$$u^* = \sqrt{\tau_w / \rho} \tag{10.96}$$

この u^* を**壁面摩擦速度**という．

壁のごく近傍では，速度変動は弱くならざるをえないから，$y \to 0$ で $u' \to 0, v' \to 0$ と考えてよいだろう．そこで式（10.95）第2項を無視し，摩擦応力も壁での値 τ_w に近いと考え，

$$\frac{\partial \bar{u}}{\partial y}\left(= \frac{\tau_w}{\mu} \right) = \frac{u^{*2}}{\nu} \tag{10.97}$$

と近似する．上式の右辺を定数として，$\bar{u}(0) = 0$ の境界条件のもとに解けば，直

線分布

$$\frac{\bar{u}}{u^*} = \frac{u^* y}{\nu} \tag{10.98}$$

となる. 乱れが弱くて粘性の作用が支配的であるという意味で, この領域を**粘性底層**という. 一方, 乱流境界層の核心部では式 (10.95) の第2項が主役になる. 図10.13 の観察から, この値がほぼ壁面摩擦応力に近くほぼ一定の領域がみられるから, 式 (10.95) を $\tau_w = -\rho \overline{u'v'}$ と近似しても差し支えなさそうである. プラントルの混合長理論によれば, 平均速度勾配が強いほど速度変動の大きさは強くなる. そこで,

$$u' \sim l_1 \frac{\partial \bar{u}}{\partial y}, \quad v' \sim l_2 \frac{\partial \bar{u}}{\partial y} \tag{10.99}$$

と考え, さらに $l_1 \sim l_2 \sim l$ と簡単化し, レイノルズ応力を

$$-\rho \overline{u'v'} = \rho l^2 \left| \frac{\partial \bar{u}}{\partial y} \right| \frac{\partial \bar{u}}{\partial y} \tag{10.100}$$

と表そう. **混合長**すなわち渦の長さスケールを壁からの距離 y に比例する $l = \kappa y$ と置くと, 対数速度分布

$$\frac{\bar{u}}{u^*} = \frac{1}{\kappa} \ln \frac{u^* y}{\nu} + B \tag{10.101}$$

が得られる. 図10.14 は乱流境界層内の速度分布の測定例である. 式 (10.101) が成立する**対数則**領域と式 (10.98) の粘性底層が観察される. 両者の間に緩衝層があり, ここで乱れが最も強くなる.

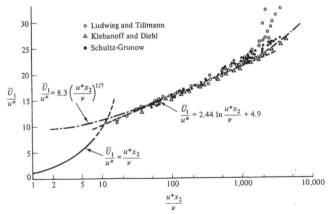

図10.14　乱流境界層の速度分布（対数則）（J. O. Hinze: *Turbulence 2nd ed.*, McGraw-Hill, 1975)

10.9 【発展】エネルギー散逸

　ファンを回して室内の空気を循環させたり，ポンプにより閉水路で水を循環させたりするとき，機械が流体に与えたエネルギーは最終的にどこに失われるだろうか．非圧縮流れのナビエ-ストークス式（10.85）を外力がない場合について次のように書き換えておこう.

$$\frac{\partial \rho u_i}{\partial t} + \frac{\partial H_{ij}}{\partial x_j} = 0, \quad H_{ij} = \rho u_i u_j + \delta_{ij}P - \mu\left(\frac{\partial u_i}{\partial x_j} + \frac{\partial u_j}{\partial x_i}\right) \tag{10.102}$$

ただし，密度と粘度は一定とする．ρu_i は単位体積当りの運動量であり，その時間変化は H_{ij} の発散形式で与えられている．物理量 f の支配方程式が

$$\frac{\partial f}{\partial t} + \nabla \cdot \boldsymbol{F} = 0 \tag{10.103}$$

で記述されるときこれを保存則といい，$\boldsymbol{F}$ を流束という．流束は単位面積・単位時間当りの物理量 f の通過を意味する．式（10.103）を領域 V で積分した

$$\frac{\partial}{\partial t}\int_V f dV + \int_V \nabla \cdot \boldsymbol{F} dV = 0 \tag{10.104}$$

はガウスの発散定理により以下のように書き換えられる.

$$\frac{\partial}{\partial t}\int_V f dV + \int_S \boldsymbol{F} \cdot \boldsymbol{n} dS = 0 \tag{10.105}$$

ただし，S は領域 V の表面であり，$\boldsymbol{n}$ は表面における外向き単位法線ベクトルである．したがって，$\boldsymbol{F} \cdot \boldsymbol{n}$ は領域 V の表面 S における物理量 f の単位面積・単位時間当りの流出量を表している．式（10.102）は運動量（ベクトル）ρu_i の保存則を表しており，H_{ij} は運動量流束テンソルである．式（1.105）は，領域内の物理量の時間変化は境界での流入・流出だけで決まり，領域内部からの発生・消滅は寄与しないことを表している．運動方程式（10.102）も，流体と系の外部との運動量のやりとりを示す外力項がなければ，式（10.103）と同形であるから運動量保存則を表している．これに速度 u_i を乗じると，単位質量当りの運動エネルギー

$$K = \frac{1}{2}u_i u_i \tag{10.106}$$

の式

$$\frac{\partial \rho K}{\partial t} + \frac{\partial G_j}{\partial x_j} = -\varepsilon, \quad G_j = \rho K u_j + P u_j - \mu\frac{\partial K}{\partial x_j} \tag{10.107}$$

が得られる．運動エネルギーの式は保存則の形式ではない．右辺の

$$\varepsilon = \mu \frac{\partial u_i}{\partial x_j}\frac{\partial u_i}{\partial x_j} \quad (\geqq 0) \tag{10.108}$$

は運動エネルギーの**散逸率**を表している．式（10.107）は，粘性流体では速度勾配がある限り運動エネルギーが一方的に減少することを示している．このことは，エネルギー保存則の破綻を意味するのではなく，粘性摩擦によって運動エネルギーが内部エネルギー（熱）に変換されることを表している．つまり，ε は粘性流体の運動による単位体積・単位時間当りの発熱量を表している．閉流路で流体を循環させる場合には，運動エネルギーの散逸に相当する動力を外部から与え続けなければならない．また，温度上昇を防ぐには，常に放熱か冷却が必要である．乱流状態では，細かい変動により局所的に大きな速度勾配が生じるため，運動エネルギーの散逸率が増大する．

演 習 問 題

問題 10.1　右図のように密度 ρ，粘度 μ が一定の流体が無限に広いとみなすことのできる傾斜平板に沿って厚さ h が一定の液膜を形成し，重力により流下している．平板と水平面のなす角度は β である．液膜内の流速分布を求めなさい．ただし，液面は圧力 P_∞ の自由表面とする．自由表

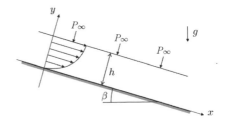

面とは，気体側の密度と粘度を無視し，液膜は至るところ一定であるとした仮定である．

問題 10.2　右図のように定常流れ（$\partial/\partial t=0$），軸対称（あらゆる変数に対して $\partial/\partial\theta=0$）かつ軸方向に十分に発達した流れ（速度については $\partial/\partial z=0$）を考える．内管の半径が r_{in}，外管の半径が r_{out} のまっすぐな同軸二重円管内に生じる流れについて，以下の問いに答えなさい．

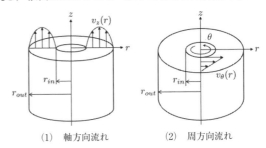

(1)　軸方向流れ　　　　(2)　周方向流れ

(1)　内管と外管は静止しており，軸方向に一定圧力勾配 dP/dz が働く場合，軸方向速度分布 $u_z(r)$ を求めなさい.

(2)　圧力勾配はなく，外管は静止しており，内管が一定角速度 ω で回転する場合の流れの周方向速度分布 $u_\theta(r)$ を求めなさい.

問題10.3　無限に広い空間において初期の速度分布が右図のようにステップ関数

$$u(y, 0) = U \operatorname{sgn}(y)$$

が与えられる場合，速度の時間変化を求めなさい. なお，境界条件は時間経過にかかわらず $u(\pm\infty, t) = \pm U$ （複号同順）で与えられる.

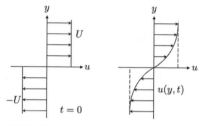

初期速度分布　　　　時間t経過後の速度分布

問題10.4　固体粒子，気泡，液滴などが流体中で重力と浮力，流体抵抗がつりあって一定速度で落下または上昇しているとき，この速度を終端速度という. 密度 ρ_f，粘度 μ の流体中を密度 ρ_s（$>\rho_f$），直径 d の球形粒子が落下するときの終端速度について，以下の問いに答えなさい.

(1)　抵抗係数 C_D が与えられているとき，終端速度を求めなさい.

(2)　ストークス抵抗が働くとき，終端速度を求めなさい.

圧 縮 性 流 れ

11.1 非圧縮性の仮定

　容器に入れられた流体をピストンで加圧すると，あらゆる流体は多かれ少なかれ縮む．すなわち流体には圧縮性があり，圧力が変化すれば密度は変化する．しかし，これまでは，主に非圧縮性流体の仮定，すなわち，密度 $\rho =$ 一定を仮定していた．水のような液体の多くは圧縮してもほとんど縮まない．それゆえ，液体に対しては非圧縮性流体の仮定は成り立つように思われる．しかし，気体でもこの仮定は成り立つのだろうか．成り立つとすればどのような条件が必要なのか考えてみる[1]．

　いま，圧力変動 ΔP により，密度が次のようにある基準の密度 ρ_0 から $\Delta \rho$ 変化するものとする．

$$\rho = \rho_0 + \Delta \rho \tag{11.1}$$

非圧縮性流体の仮定が成り立つには，

$$\frac{\Delta \rho}{\rho} \cong \frac{\Delta \rho}{\rho_0} \ll 1 \tag{11.2}$$

が満たされる条件を示す必要がある．

　まず，運動方程式における各項のつりあいから，ΔP の大きさを見積ってみる．簡単のため定常流れを考える．10 章の式（10.18）で示したナビエ-ストークスの式は，次式のように，慣性項が圧力勾配項と粘性項の和とつりあう形をしている．

$$\rho u_j \frac{\partial u_i}{\partial x_j} = -\frac{\partial P}{\partial x_i} + \frac{\partial}{\partial x_j}\left[\mu\left(\frac{\partial u_i}{\partial x_j} + \frac{\partial u_j}{\partial x_i}\right) - \frac{2}{3}\delta_{ij}\mu D\right] \tag{11.3}$$

上式において，粘性力が慣性力に比べて大きな状況では，圧力勾配は粘性項とつりあい，慣性項の影響は無視できる．このような粘性力が支配的な状況は，10.5

---

[1] D. J. Tritton : *Physical Fluid Dynamics*, Van Nostrand Reinhold. (1977)

節で述べた Re が小さい場合であるが，ここでは，慣性力が支配的な状況，すなわち，慣性力が粘性力に比べて十分大きく，圧力勾配が慣性項とつりあう場合を考える．このときのつりあいの状況は，式 (11.3) から

$$\rho u_j \frac{\partial u_i}{\partial x_j} \sim -\frac{\partial P}{\partial x_i} \tag{11.4}$$

と書ける．"$\sim$" は大きさが同じ程度であることを表している．いま，主要な圧力変動が生じる方向を x 方向とすると，上式は以下のように表せる．

$$\frac{\partial P}{\partial x} \sim \rho u \frac{\partial u}{\partial x} = \frac{1}{2} \rho \frac{\partial u^2}{\partial x} \tag{11.5}$$

ここで，距離 L だけ離れた 2 点を選び，2 点間での典型的な圧力変動の大きさを ΔP，u^2 の変動の大きさを $\Delta (U^2)$ とすると，上式の各項の大きさは，

$$\frac{\partial P}{\partial x} \sim \frac{\Delta P}{L}, \quad \rho \frac{\partial u^2}{\partial x} \sim \frac{\rho \Delta (U^2)}{L} \tag{11.6}$$

と見積もれる．したがって

$$\frac{\Delta P}{L} \sim \frac{\rho \Delta (U^2)}{L} \tag{11.7}$$

となり，ΔP は

$$\Delta P \sim \rho \Delta (U^2) \tag{11.8}$$

と書ける．さらに，U は速度の代表量であり，そのとり方は座標系により任意であるから，速度変動の大きさの程度 ΔU は U そのものとみなしても差し支えない．すなわち，

$$\Delta (U) \sim U \tag{11.9}$$

$$\Delta (U^2) \sim U^2 \tag{11.10}$$

と表せるので，次式が得られる．

$$\Delta P \sim \rho U^2 \tag{11.11}$$

圧力差が ρU^2 に比例するという式 (11.11) の関係は，2 章で示したベルヌーイの式と本質的に同じである．なお，運動方程式において，圧力は，圧力勾配 ∇P の形でのみ現れるため，流体の運動を変化させることなく基準となる絶対圧力 P を変化させることができる．このため，ΔP に関しては，式 (11.10) のような関係は成立せず，圧力差 ΔP と絶対圧力 P は区別されないといけない．

　さて，1 章で述べたように，流体の圧縮率を β とすると，その定義から

$$\frac{\Delta\rho}{\rho}\sim\beta\Delta P \tag{11.12}$$

と表せる. ここで, s をエントロピーとし,

$$\lim_{\Delta\rho\to0}\left(\frac{\Delta P}{\Delta\rho}\right)_{s=\text{const}}=\left(\frac{dP}{d\rho}\right)_{s=\text{const}}=a^2 \tag{11.13}$$

と表すとき, a を**音速**と呼ぶ. 式 (11.12), (11.13) から

$$a^2\sim\frac{1}{\rho\beta} \tag{11.14}$$

と見積もれ, 以下の関係が得られる.

$$\frac{\Delta\rho}{\rho}\sim\frac{\Delta P}{\rho a^2}\sim\frac{U^2}{a^2} \tag{11.15}$$

したがって, $\Delta\rho/\rho$ の大きさを評価する基準は,

$$\mathrm{M}^2=\frac{U^2}{a^2}\ll1 \tag{11.16}$$

となる. M $(=U/a)$ は**マッハ数** (Mach number) と呼ばれる. 以上より, M^2 が十分小さければ, 非圧縮性の流れとして扱えることがわかる. なお, M がそれほど小さくなくても, M^2 は小さくなることに注意しよう.

　以上のオーダー評価は, 定常流れについて議論したものである. 次節で述べるように, たとえ流速がほとんどゼロであっても, 流体中の圧力の伝播を扱う際には, 流体の圧縮性を考慮しないといけない. (注, 式 (11.14) からわかるように, 縮まない流体では $\beta=0$ であるから, その音速は無限大となる. すなわち, 縮まない流体では, 圧力などの状態量の変化が無限大の速度で伝わることを意味している.)

11.2 音 の 伝 播

　前節で述べたように, 圧縮性流れでは, 流速と音速の比で定義されるマッハ数が流れの特性を支配する重要なパラメータとなる. いま, x 方向の一次元流れにおいて, 流体の保存則と音速がどのように関連しているか調べてみる. このとき, 連続の式と運動方程式は以下のように書ける.

$$\frac{\partial\rho}{\partial t}+\frac{\partial\rho u}{\partial x}=0 \tag{11.17}$$

$$\frac{\partial u}{\partial t} + u\frac{\partial u}{\partial x} = -\frac{1}{\rho}\frac{\partial P}{\partial x} = -\frac{1}{\rho}\left(\frac{dP}{d\rho}\right)_s\frac{\partial \rho}{\partial x} = -\frac{a^2}{\rho}\frac{\partial \rho}{\partial x} \qquad (11.18)$$

いま，静止流体中において，わずかに圧力変動 $P = P_0 + P'$ $(P_0 \gg P')$ が生じたとし，それによる速度変動ならびに密度変動を u', ρ' とし，$u = u'$ $(\ll 1)$，$\rho = \rho_0 + \rho'$ $(\rho_0 \gg \rho')$ と置いて，式 (11.17)，(11.18) を線形化（2 次以上の微小量を無視）すると，

$$\frac{\partial \rho'}{\partial t} = -\rho_0\frac{\partial u'}{\partial x} \qquad (11.19)$$

$$\frac{\partial u'}{\partial t} = -\frac{a^2}{\rho_0}\frac{\partial \rho'}{\partial x} \qquad (11.20)$$

を得る．これら二式を変形すると，以下の**波動方程式**が得られる．

$$\frac{\partial^2 \rho'}{\partial t^2} = a^2\frac{\partial^2 \rho'}{\partial x^2}, \quad \frac{\partial^2 u'}{\partial t^2} = a^2\frac{\partial^2 u'}{\partial x^2} \qquad (11.21)$$

この方程式の解の形は，

$$\rho' = f(x - at) + g(x + at) \qquad (11.22)$$

$$u' = \left(\frac{a}{\rho_0}\right)[f(x - at) - g(x + at)] \qquad (11.23)$$

となる．ここで，f と g は任意関数（f と g の形は初期条件を与えると決定される）であり，f は状態変化が x の正の方向に速さ a で伝わること，g は状態変化が x の負の方向に速さ a で伝わることを示している．また，両式は，f と g の重ね合わせにより，密度変化と速度変化を表現できることを示している．

　音速を求めるための P と ρ との関係は，流体の状態方程式により決まる．理想気体が等エントロピー変化する場合には，比熱比を γ とすると，

$$P\rho^{-\gamma} = \text{const.} \qquad (11.24)$$

である．上式より得られる $dP/d\rho = \gamma P/\rho$ の関係を用いると，音速 a は

$$a = \sqrt{\frac{\gamma P}{\rho}} = \sqrt{\gamma R T} \qquad (11.25)$$

と表される．ここで，R は気体定数である．圧力変動は，式 (11.22)〜(11.24) より，$u' = \pm a\rho'/\rho_0$, $P'/P = \gamma\rho'/\rho_0$ であることを用いて

$$P' = \pm \rho_0 a u' \qquad (11.26)$$

と表せる．

11.3 エネルギーの式

摩擦のない非粘性定常流れの流管内でのエネルギー保存則を考えてみよう. 重力は無視する. 図11.1 のように一つの流管内の断面 1 と断面 2 で挟まれた検査体積を考える. 流管の断面積を S, 流れ

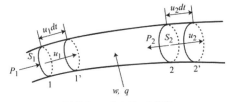

図 11.1　エネルギーの保存

の速度を u, 圧力を P, 密度を ρ, 単位質量あたりの流体のもつ内部エネルギーを e とする. また, 検査体積の流体に外部から与えられる単位質量あたりの仕事と熱量をそれぞれ w, q とする. 添え字 1, 2 は断面 1, 2 を表すものとする. dt 秒後に断面 1 は断面 1′に, 断面 2 は断面 2′に移動する. 検査体積 1′-2′と検査体積 1-2 の全エネルギーの変化を考えるとき, 1′-2 間の全エネルギーは共通であるから, 検査体積 1′-2′の全エネルギーから検査体積 1-2 の全エネルギーを差引く際に 1′-2 間の全エネルギーは相殺される. したがって, 検査体積に流入するエネルギー (1-1′間) と流出するエネルギー (2-2′間) を考えればよい. 流入質量は $\rho_1 u_1 S_1 dt$, 流出質量は $\rho_2 u_2 S_2 dt$ であるから, 質量の保存は

$$\rho_1 u_1 S_1 = \rho_2 u_2 S_2 \tag{11.27}$$

となる. 同様に, 検査体積内の運動エネルギーおよび内部エネルギーの変化量と検査体積内の圧力のする仕事と外部から与えられる仕事と熱量とのつり合いを考え, 質量保存式を用いると, 以下のエネルギーの保存式が得られる.

$$\frac{1}{2} u_2^{\ 2} - \frac{1}{2} u_1^{\ 2} + e_2 - e_1 = \frac{P_1}{\rho_1} - \frac{P_2}{\rho_2} + w + q \tag{11.28}$$

エンタルピー $h = e + P/\rho$ を用いると,

$$\frac{1}{2} u_2^{\ 2} + h_2 = \frac{1}{2} u_1^{\ 2} + h_1 + w + q \tag{11.29}$$

となる. 流れと外部との間に熱と仕事の出入りがない断熱流れの場合には, $w = 0$, $q = 0$ であるから, エネルギー保存は次式となる.

$$\frac{1}{2} u^2 + h = \text{const.} \tag{11.30}$$

理想気体の場合, 絶対温度を T とし, $h = C_p T = \gamma R T/(\gamma - 1)$ の関係 (C_p は定

圧比熱）を用いると，式（11.30）は

$$\frac{1}{2}u^2 + \frac{\gamma}{\gamma-1}RT = \frac{1}{2}u^2 + \frac{\gamma}{\gamma-1}\frac{P}{\rho} = \frac{1}{2}u^2 + \frac{a^2}{\gamma-1} = \text{const.} \tag{11.31}$$

と表される．

　次に，流体が静止している状態（以下，貯気槽の状態と呼ぶ）の絶対温度を T_0，音速を a_0 と置くと，断熱流れの場合には，式（11.31）の定数が $C_p T_0$ であることから，以下の式を得る．

$$T_0 = T + \frac{u^2}{2C_p} \tag{11.32}$$

ここで，T_0 を全温度という．マッハ数を $M = u/a$ として上式を変形すると

$$\frac{T_0}{T} = 1 + \frac{\gamma-1}{2}M^2 \tag{11.33}$$

が得られる．いま，流速と音速が等しくなるところの音速を a^* と表すと，$u = a = a^*$ であるから，式（11.31）の定数を $a_0^2/(\gamma-1)$ と置き，

$$a^* = \sqrt{\frac{2}{\gamma+1}}\,a_0 \tag{11.34}$$

が得られる．また，最大流速 u_{max} は $P = 0$ の場合に得られ，

$$u_{max} = \sqrt{\frac{2}{\gamma-1}}\,a_0 \tag{11.35}$$

となる．$0 < u < a^*$（$0 < M < 1$）の場合を**亜音速流**，$a^* < u < u_{max}$（$M > 1$）の場合を**超音速流**という．

11.4　等エントロピー流れ

　等エントロピー流れの運動方程式（オイラー方程式）とエネルギー方程式との関係をみてみよう．微分表示を用いると，両者は以下のように書ける．

$$udu = -\frac{dP}{\rho} \tag{11.36}$$

$$udu + \frac{\gamma}{\gamma-1}d\left(\frac{P}{\rho}\right) = 0 \tag{11.37}$$

これら2式から u を消去すると，

$$\gamma \frac{d\rho}{\rho} = \frac{dP}{P} \tag{11.38}$$

が得られ，これを積分すると，

$$P\rho^{-\gamma} = \text{const.} \tag{11.39}$$

が導かれる．このように，運動方程式（11.36）とエネルギー式（11.37）と等エントロピーの関係式（11.39）の3式は互いに独立ではない．このことは，非圧縮性の完全流体において，運動方程式を積分すると，ベルヌーイの式が得られることと同じ意味をもつ．実際，運動方程式（11.36）を等エントロピーの関係式（11.39）を用いて積分すると，式（11.31）で示したエネルギー方程式

$$\frac{1}{2}u^2 + \frac{\gamma}{\gamma-1}\frac{P}{\rho} = \text{const.} \tag{11.40}$$

が容易に導かれる．この式を等エントロピーの関係式を用いて，さらに変形すると，圧力比，密度比とマッハ数に関して，以下の関係式が得られる．

$$\frac{P}{P_0} = \left(1 + \frac{\gamma-1}{2}M^2\right)^{-\gamma/(\gamma-1)} \tag{11.41}$$

$$\frac{\rho}{\rho_0} = \left(1 + \frac{\gamma-1}{2}M^2\right)^{-1/(\gamma-1)} \tag{11.42}$$

ここで，P_0 と ρ_0 はそれぞれ貯気槽の圧力と密度である．$u = a$ となるところの圧力を臨界圧力 P_c と定義すると，P_c は

$$P_c = P_0 \left(\frac{2}{\gamma+1}\right)^{\gamma/(\gamma-1)} \tag{11.43}$$

となる．

11.5 縮小拡大管流れ

次に等エントロピー流れにおける管の断面積と流れの関係をみてみよう．式（11.27）の質量保存式（$\rho u S = \text{const.}$）の辺々を微分し $\rho u S$ で割ると

$$\frac{d\rho}{\rho} + \frac{du}{u} + \frac{dS}{S} = 0 \tag{11.44}$$

を得る．また，運動方程式は

$$u\,du = -\frac{dP}{\rho} = -\frac{a^2}{\rho}d\rho \tag{11.45}$$

と書けることに注意し，式 (11.44)，(11.45) を変形すると，以下の 3 つの関係式が得られる．

$$\left(1-\frac{a^2}{u^2}\right)\frac{d\rho}{\rho}+\frac{dS}{S}=0 \tag{11.46}$$

$$\left(1-\frac{u^2}{a^2}\right)\frac{du}{u}+\frac{dS}{S}=0 \tag{11.47}$$

$$\left(1-\frac{u^2}{a^2}\right)\frac{dP}{\rho u^2}-\frac{dS}{S}=0 \tag{11.48}$$

断面積が最大または最小になる場所では，$dS=0$ となることに注意すると，これらの関係式から，この断面では $d\rho=0$，$du=0$，$dP=0$ または $u=a$ となる．すなわち，断面積が最大または最小になる場所では，速度が最大または最小，あるいは速度が音速に等しいことになる．

次に，流れに沿って距離 x をとると，式 (11.47) から次式を得る．

$$\frac{du}{dx}=-\frac{ua^2}{(a^2-u^2)S}\frac{dS}{dx} \tag{11.49}$$

この式より，$dS/dx<0$（縮小管）において，$u<a$ すなわち亜音速では，$du/dx>0$ であるから，断面積が減少すると速度が増加するが，$u>a$ すなわち超音速では，$du/dx<0$ であるから，断面積が減少すると速度が減少する．一方，$dS/dx>0$（拡大管）では，縮小管とまったく逆であり，亜音速では断面積が増加すると速度が減少し，超音速では断面積が増加すると速度は増加することになる．以上より，最初速度ゼロの貯気相内の高圧の流体を低圧の雰囲気に噴出する際に，縮小管のみでは流速を音速までしか加速できないことがわかる．

それでは，超音速で流体を噴出するにはどうすればよいのだろうか．その原理を図 11.2 に示す縮小管と拡大管を組み合わせたノズル（**ラバールノズル**）で説明する．ノズルへ入る前には流体は静止し

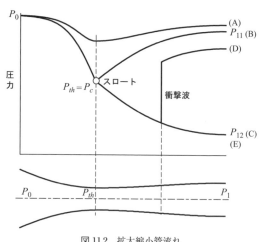

図 11.2　拡大縮小管流れ

ており，その圧力を P_0 とする．また，ノズルを出たところの圧力を P_1 とし，管の最狭部（スロート部と呼ぶ）の圧力を P_{th} とする．まず，出口状態が(A)のように，P_0 と P_1 の差がわずかなときは，スロート部で速度は最大，圧力は最小となり，それより下流に向かって速度は減少し，圧力は増加する．この状態変化は，非圧縮性流れと同じである．このような流れは，出口圧力が低下し，(B)のように P_{th} が臨界圧力 P_c に達するまで続く．このときの出口圧力を P_{11} とする．なお，ノズル内の流れは亜音速である．(C)のように出口圧力が低く，図の P_{12} と示した圧力の場合には，スロート部の圧力は $P_{th}=P_c$ であり，そこから下流に向って圧力はさらに低下し，速度は増加する．この際，スロート部よりも下流の速度は超音速である．一方，(D)の状態のように，$P_{12}<P_1<P_{11}$ の場合には，スロート部より下流に向かって圧力は低下し，速度は増加するが，あるところで圧力が飛躍的に上昇し，その後，緩やかに圧力は上昇し出口に至る．この圧力の急激な上昇を**衝撃**（shock）といい，その波面を**衝撃波**という．最後に(E)の状態のように，$P_1<P_{12}$ の場合は，ノズル内の流れは(C)の $P_1=P_{12}$ の流れと同じであり，流体はノズルから出た直後に P_1 まで膨張する．なお，$P_{th}=P_c$ の場合は，スロート部以降の流れが(C)，(D)，(E)のいずれの場合でも流れる流体の質量は同じである．

11.6　衝　撃　波

　前節で示したように流れに垂直なある面を境に，圧力，密度が飛躍的に上昇し，それに伴い速度が急激に減少する現象を**衝撃**という．衝撃波管と呼ばれる高圧部と低圧部を膜で仕切った管において，膜を破ると低圧部に向って衝撃波が伝播する．本節では，このような衝撃波の前後での状態量の変化について考える[2]．簡単のため衝撃波に乗った座標系を考え，この座標系において流れは定常とみなせるとする．図 11.3 のように，流れに垂直な単位面積を有する衝撃波を含む検査体積を考える（衝撃波の厚みをゼロとする）．衝撃前の速度，音速，密度，圧力を，それぞれ，u_1，a_1，ρ_1，P_1 とし，衝撃後のそれらを u_2，a_2，ρ_2，P_2 とする．また，$u=a$ の状態の音速を a^* と

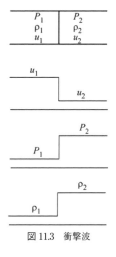

図 11.3　衝撃波

---

[2] 藤本武助：流体力学，養賢堂（1980）

する. このとき, 検査面における保存は,

質量保存:

$$\rho_1 u_1 = \rho_2 u_2 \tag{11.50}$$

運動量保存:

$$\rho_2 u_2^2 - \rho_1 u_1^2 = P_1 - P_2 \tag{11.51}$$

エネルギー保存 (式 (11.31)):

$$\frac{1}{2} u_1^2 + \frac{\gamma}{\gamma-1} \frac{P_1}{\rho_1} = \frac{1}{2} u_2^2 + \frac{\gamma}{\gamma-1} \frac{P_2}{\rho_2} = \frac{\gamma+1}{2(\gamma-1)} a^{*2} \tag{11.52}$$

と書ける. 式 (11.50), (11.51) より,

$$u_1 - u_2 = \frac{P_2}{\rho_2 u_2} - \frac{P_1}{\rho_1 u_1} \tag{11.53}$$

が得られ, 式 (11.52) より $P_1/(\rho_1 u_1)$, $P_2/(\rho_2 u_2)$ を求めて上式に代入すると,

$$u_1 - u_2 = (u_1 - u_2) \left(\frac{\gamma+1}{2\gamma} \frac{a^{*2}}{u_1 u_2} + \frac{\gamma-1}{2\gamma} \right) \tag{11.54}$$

を得る. 上式の等式が成り立つ条件より,

$$u_1 = u_2 \tag{11.55}$$

または

$$u_1 u_2 = a^{*2} \tag{11.56}$$

を得る. ここで, 密度比を $\xi = \rho_2/\rho_1 = u_1/u_2$, 圧力比を $\eta = P_2/P_1$ と定義し, また, 音速 $a_1^2 = \gamma P_1/\rho_1$, $a_2^2 = \gamma P_2/\rho_2$, マッハ数 $M_1 = u_1/a_1$, $M_2 = u_2/a_2$ とすると, 式 (11.51), (11.52) より, ξ と η に関して次式を得る.

$$\eta = 1 + \gamma M_1^2 \left(1 - \frac{1}{\xi} \right) \tag{11.57}$$

$$\eta = \xi + \frac{\gamma-1}{2} M_1^2 \left(\xi - \frac{1}{\xi} \right) \tag{11.58}$$

式 (11.57), (11.58) をまとめると, 以下の二次方程式が導かれる.

$$\left(1 + \frac{\gamma-1}{2} M_1^2 \right) \xi^2 - (1 + \gamma M_1^2)\xi + \frac{\gamma+1}{2} M_1^2 = 0 \tag{11.59}$$

この解は,

$$\xi = 1 \tag{11.60}$$

$$\xi = \frac{(\gamma+1) M_1^2}{2 + (\gamma-1) M_1^2} \tag{11.61}$$

である. $\xi = 1$ は,圧力,密度,速度が変化しない解を表しているため,この場合を除くと,以下の関係式が導かれる.

$$\frac{\rho_1}{\rho_2} = \frac{u_2}{u_1} = 1 - \frac{2}{\gamma+1}\left(1 - \frac{1}{M_1^{\,2}}\right) \tag{11.62}$$

$$\frac{P_2}{P_1} = 1 + \frac{2\gamma}{\gamma+1}(M_1^{\,2} - 1) \tag{11.63}$$

$$\frac{T_2}{T_1} = \frac{a_2^{\,2}}{a_1^{\,2}} = 1 + \frac{2(\gamma-1)(\gamma M_1^{\,2}+1)(M_1^{\,2}-1)}{(\gamma+1)^2 M_1^{\,2}} \tag{11.64}$$

さらに,$(M_2/M_1)^2 = 1/(\xi\eta)$ を用いると,

$$M_2^{\,2} = \frac{1 + \dfrac{\gamma-1}{2}M_1^{\,2}}{\gamma M_1^{\,2} - \dfrac{\gamma-1}{2}} \tag{11.65}$$

を得る.圧力比に関する式(11.63)より,$M_1 > 1$ のとき $P_2 > P_1$ となり衝撃が起こり,また,$M_2 < 1$ となるため,衝撃後は亜音速になることがわかる.さらに上述の圧力比と密度比に関する式を変形すると,以下の関係式を得る.

$$\frac{\rho_2}{\rho_1} = \frac{1 + \dfrac{\gamma+1}{\gamma-1}\dfrac{P_2}{P_1}}{\dfrac{\gamma+1}{\gamma-1} + \dfrac{P_2}{P_1}} \tag{11.66}$$

この関係式は**ランキン-ユゴニオ**(Rankine-Hugoniot)**の関係式**と呼ばれる.なお,衝撃現象は不可逆過程であり,衝撃の前後でエントロピーは増加する.

11.7 圧縮性流れとピトー管

 圧縮性流れの応用の一例として,ピトー(Pitot)管について述べる.いま,速度 U_∞,圧力 P_∞,密度 ρ_∞ の一様流中にピトー管が置かれているとする.ピトー管の先端の圧力を P_A とするとき,P_A が一様流のマッハ数によりどのように変化するか考えてみる.一様流の速度が亜音速の場合には,ピトー管の先端がよどみ点であることから,式(11.41)より P_A は次のように表される.

$$P_A = P_\infty\left(1 + \frac{\gamma-1}{2}M^2\right)^{\gamma/(\gamma-1)} \tag{11.67}$$

ただし，$M = U_\infty/a_\infty$，$a_\infty = \sqrt{\gamma P_\infty/\rho_\infty}$ である．ここで，先端の圧力係数を

$$C_{PA} = \frac{2(P_A - P_\infty)}{\rho_\infty U_\infty^2} \tag{11.68}$$

と定義する．なお，非圧縮性流体の場合には，ベルヌーイの式より，$C_{PA} = 1$ となることに注意されたい．いま，式（11.67）の P_A を C_{PA} に代入し，M^2 が十分小さいとして，テイラー展開すると，

$$C_{PA} = 1 + \frac{1}{4}M^2 + \frac{2-\gamma}{24}M^4 + \cdots\cdots \tag{11.69}$$

となる．この式の右辺第二項から，圧縮性の影響が M^2 のオーダーで現れることがわかる．例えば，$M \cong 0.3$ ならば $M^2 \cong 0.09$ であることから，その影響は高々 10% である．なお，以上の議論は，式（11.16）のオーダー評価と矛盾していないことに注意されたい．

　次に一様流の速度が超音速の場合について考える．ピトー管先端では速度がゼロになるので，流体は管先端に到達するまでに亜音速になる．そのため，図 11.4 のようにピトー管前方に衝撃波が形成され，管先端の圧力は衝撃の影響を受ける．衝撃後のマッハ数を M_2，圧力を P_2 とすると，衝撃前後の関係式（11.63），（11.65）より，

図 11.4　ピトー管

$$\frac{P_2}{P_\infty} = 1 + \frac{2\gamma}{\gamma+1}(M^2 - 1) \tag{11.70}$$

$$M_2^2 = \frac{1 + \dfrac{\gamma-1}{2}M^2}{\gamma M^2 - \dfrac{\gamma-1}{2}} \tag{11.71}$$

となる．衝撃後の流れの状態を等エントロピーとすると，

$$\frac{P_A}{P_2} = \left(1 + \frac{\gamma-1}{2}M_2^2\right)^{\gamma/(\gamma-1)} \tag{11.72}$$

であるから，この式に式（11.70），（11.71）の P_2，M_2 を代入すると次式を得る．

$$\frac{P_A}{P_\infty} = \left(\frac{\gamma+1}{2}M^2\right)^{\gamma/(\gamma-1)} \left(\frac{2\gamma}{\gamma+1}M^2 - \frac{\gamma-1}{\gamma+1}\right)^{-1/(\gamma-1)} \tag{11.73}$$

演 習 問 題

問題 11.1　気体定数 $R = 287$ J/kgK，比熱比 $\gamma = 1.4$ の気体中を速度 $u = 200$ m/s で飛んでいる飛行機の先頭に突き出ている温度計の読みが 300 K であった．このときの外気の理論上の温度（静温）を求めなさい．

問題 11.2　等エントロピーの一様流中に翼が置かれている．一様流のマッハ数 M_1，流速 u_1，圧力 P_1 がわかっているとき，翼面上の圧力 P を測定すれば，その点での流速 u がわかる．

(1)　u/u_1 を P/P_1 および M_1 を用いて表しなさい．

(2)　圧力係数を $C_P = 2(P - P_1)/(\rho_1 u_1^2)$ と定義するとき，C_P を M_1 と u/u_1 を用いて表しなさい．ただし，ρ_1 は一様流の密度である．

(3)　M_1 が小さいときは，C_P は非圧縮性のそれに帰着することを示しなさい．

問題 11.3　圧力 P_0，密度 ρ_0 なる貯気槽内の気体が縮小拡大管を通って圧力 P_2 の外気中に流出する．

(1)　スロート部での断面積を S_{th} とするとき最大質量流量を求めなさい．

(2)　ノズル内で衝撃波が発生しないとき，ノズル内の上流 1，下流 2 の断面積を S_1，S_2，マッハ数を M_1，M_2 とするとき，S_1/S_2 はマッハ数を用いてどの様に表されるか．

問題 11.4　十分大きな貯気槽（圧力 P_1）から吹き出した空気は，ラバールノズルを通った後，マッハ数 M の一様な超音速流れとなっている．この超音速流れのなかに置かれた物体の岐点圧力 P_2 と貯気槽圧力 P_1 との比はマッハ数 M のどの様な関数になっているか．また，P_1 と P_2 ではどちらの圧力が大きいか．ただし，物体前方で衝撃波が発生しているものとする．

付　録

数 学 的 補 遺

　本書の理解に必要となるベクトル解析の知識を，3次元デカルト座標系を対象に整理しておく.

A.　ベクトルとテンソルの表記法と3種の積

　以下に示すように，ベクトル（1階のテンソル）は太字か成分表示，または単に添え字を1つ付けてベクトルの第 i 成分であることを明示する形で表す.

$$\boldsymbol{a} = (a_1, a_2, a_3) \quad または \quad a_i$$

ここで，添え字1, 2, 3は各々 x, y, z 方向に対応する. 2階のテンソルは，添え字を2つ付けて表す.

$$A = \begin{pmatrix} A_{11} & A_{12} & A_{13} \\ A_{21} & A_{22} & A_{23} \\ A_{31} & A_{32} & A_{33} \end{pmatrix} = A_{ij} \quad （i 行 j 列成分）$$

したがって，次式で定義されるクロネッカー（Kronecker）のデルタ δ_{ij} が単位テンソル I に等しいことは容易に理解できよう.

$$\delta_{ij} = \begin{cases} 1 & i=j の場合 \\ 0 & i \neq j の場合 \end{cases} \quad \rightarrow \quad \delta_{ij} = I = \begin{pmatrix} 1 & 0 & 0 \\ 0 & 1 & 0 \\ 0 & 0 & 1 \end{pmatrix}$$

$A_{ij} = A_{ji}$ となる A を対称テンソル，$A_{ij} = -A_{ji}$ を反対称テンソルという.

　ベクトルの積としては，**内積**，**外積**，**テンソル積**の3種を用いる. 内積 $\boldsymbol{a} \cdot \boldsymbol{b}$ は

$$\boldsymbol{a} \cdot \boldsymbol{b} = \sum_{i=1}^{3} a_i b_i = a_i b_i$$

の最右辺のように，一つの項内に同じ添え字が2個あるときはその添え字について空間の次元分の総和をとる（ここでは3次元なので $i = 1, 2, 3$ について加算）と約束する. この規約をアインシュタイン（Einstein）の**総和規約**という. 上式では i に関して和をとっているので，添え字の記号 i 自体に意味はなく，$a_i b_i$ を $a_k b_k$ のように別の添え字で書いて

もよい．このように総和をとる添え字（擬標という）の文字は自由に変えてよい．総和規約を用いると2階のテンソルとベクトルの内積は

$$A \cdot b = \sum_{j=1}^{3} A_{ij} b_j = A_{ij} b_j \quad (i \text{ 成分})$$

と書ける．添え字 j に関しては和をとっているので $A_{ij} b_j$ は $A \cdot b$ の第 i 成分を表している．上式の A を単位テンソル $I = \delta_{ij}$ に変えると，$I \cdot b = b = b_i$ であるから

$$b_i = \delta_{ij} b_j$$

となる．このようにクロネッカーのデルタを内積すると添え字が内積をとらない方の添え字に変わることに注意しよう．例えば，$\delta_{kn} a_n = a_k$ である．

　ベクトル a, n のなす角を θ とすると $a \cdot n = |a||n| \cos \theta$ であり，a, n が直交していると内積は0となる．また，n が単位ベクトルの場合，$a \cdot n$ は a の n 方向への射影の長さ $|a| \cos \theta$ となる．

　ベクトルの外積は交代記号 ε_{ijk} を用いると成分表示できるが，本書では使用しないので行列式を用いた外積の定義のみを以下に示しておく．

$$a \times b = \begin{vmatrix} e_1 & e_2 & e_3 \\ a_1 & a_2 & a_3 \\ b_1 & b_2 & b_3 \end{vmatrix}$$

ここで，e_i は i 方向の単位ベクトルである．上式より，e_1 方向成分が $a_2 b_3 - a_3 b_2$ であること，$a \times b = -b \times a$ となることは容易に理解できるであろう．a, b のなす角を θ とすると，外積の大きさは $|a \times b| = |a||b| \sin \theta$，向きは a から b 方向に右ネジを回した際にネジが進む向きである．したがって，$a \times b$ は，大きさが a, b を2辺とする平行四辺形の面積，向きが平行四辺形に垂直で右ネジが進む方向を有する面積ベクトルを意味する．なお，面は向き（面の法線方向）と大きさ（面積）をもつベクトル量であり，例えば，面積要素ベクトル dS は面の単位法線ベクトル n と面積 $|dS| = dS$ を用いて $dS = n dS$ と表される．

　2つのベクトルから2階のテンソルを作るテンソル積（ダイアディックともいう）は次式で定義される．

$$ab = a_i b_j$$

このように，単に添え字を変えて乗じればベクトルからテンソルを作れる．例えば，式 (8.17) の uu は速度ベクトルのテンソル積であり $u_i u_j$ を意味している．

B.　勾配・発散・回転

各方向の空間微分演算子を要素とするベクトル ∇ を**ナブラ演算子**という.

$$\nabla = \left(\frac{\partial}{\partial x_1}, \frac{\partial}{\partial x_2}, \frac{\partial}{\partial x_3}\right) = \frac{\partial}{\partial x_i}$$

$r = x_i$ なので, $\nabla = \partial/\partial x_i$ を $\partial/\partial r$ と書く場合もある (式 (2.2) など).

スカラー関数 $f(r) = f(x_1, x_2, x_3)$ の近接する 2 点 r と $r+dr$ における値の差 df,

$$df = f(x_1 + dx_1, x_2 + dx_2, x_3 + dx_3) - f(x_1, x_2, x_3)$$

$$= \frac{\partial f}{\partial x_1} dx_1 + \frac{\partial f}{\partial x_2} dx_2 + \frac{\partial f}{\partial x_3} dx_3 = dx_i \frac{\partial f}{\partial x_i} = dr \cdot \nabla f$$

を f の**全微分**というが, 傾き×2 点間の距離が関数の変化量なので, ∇f は f の傾きを表していることがわかる. このように, スカラー関数 $f(r)$ の傾きが**勾配** (gradient) であり, 次式で定義されるベクトル量である.

$$\operatorname{grad} f = \nabla f = \left(\frac{\partial f}{\partial x_1}, \frac{\partial f}{\partial x_2}, \frac{\partial f}{\partial x_3}\right) = \frac{\partial f}{\partial x_i}$$

$df = dr \cdot \operatorname{grad} f$ において, もし 2 点が f の等値面上にあるならば dr は等値面に平行である. また, 等値面なので f の値に差はなく $df = 0$ である. したがって, $0 = dr \cdot \operatorname{grad} f$ より $\operatorname{grad} f$ の向きは等値面に直交していることがわかる. 例えば, 圧力 P による力は $-\operatorname{grad} P$ と表されるが, この力は等圧面に直交し, 高圧部から低圧部方向に作用する力であることがわかる.

次に, 流れの中のある体積要素 $dV = dx_1 dx_2 dx_3$ から単位時間に流出する流体の質量, すなわち質量流量 [kg/s] を調べよう. 単位時間・単位面積あたりの質量流量ベクトル (質量流束) を G [kg/m²s] $= (G_1, G_2, G_3)$ とする. 流出を調べるので, 面積要素 $dS = n dS$ の単位法線ベクトル n には体積要素の外向き方向を用いる. したが

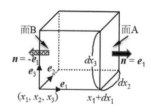

って, 図の面 A の面積ベクトルは $dS = dx_2 dx_3 e_1$, 面の中心位置は $(x_1 + dx_1, x_2 + dx_2/2, x_3 + dx_3/2)$ なので, 面 A から単位時間に流出する質量流量 [kg/s] は

$$G\left(x_1 + dx_1, x_2 + \frac{dx_2}{2}, x_3 + \frac{dx_3}{2}\right) \cdot dS = G_1\left(x_1 + dx_1, x_2 + \frac{dx_2}{2}, x_3 + \frac{dx_3}{2}\right) dx_2 dx_3$$

面 A と逆方向を向いている面 B は $dS = -dx_2 dx_3 e_1$ なので, 流出質量流量は

$$G\left(x_1, x_2+\frac{dx_2}{2}, x_3+\frac{dx_3}{2}\right)\cdot dS = -G_1\left(x_1, x_2+\frac{dx_2}{2}, x_3+\frac{dx_3}{2}\right)dx_2dx_3$$

したがって，x_1 方向に垂直な 2 つの面から単位時間に流出する質量流量は

$$\left[G_1\left(x_1+dx_1, x_2+\frac{dx_2}{2}, x_3+\frac{dx_3}{2}\right) - G_1\left(x_1, x_2+\frac{dx_2}{2}, x_3+\frac{dx_3}{2}\right)\right]dx_2dx_3 = \frac{\partial G_1}{\partial x_1}dV$$

となる．同様に x_2, x_3 方向に垂直な面からの流量は $(\partial G_2/\partial x_2)dV$，$(\partial G_3/\partial x_3)dV$ となり，6 面からなる閉曲面全体から流出する質量流量は

$$\sum_{6\,面}G\cdot dS = \left(\frac{\partial G_1}{\partial x_1}+\frac{\partial G_2}{\partial x_2}+\frac{\partial G_3}{\partial x_3}\right)dV = \nabla\cdot G\,dV$$

で与えられる．したがって，単位時間・単位体積あたりの流出流量 $[\mathrm{kg/m^3 s}]$ は

$$\nabla\cdot G = \frac{\partial G_1}{\partial x_1}+\frac{\partial G_2}{\partial x_2}+\frac{\partial G_3}{\partial x_3} = \frac{\partial G_i}{\partial x_i}$$

となる．このように，ベクトル $\boldsymbol{a}=a_i$ あるいはテンソル $A=A_{ij}$ などにナブラ演算子を内積した量を**発散**（divergence）とよび，以下のように定義される．

$$\mathrm{div}\,\boldsymbol{a}=\nabla\cdot\boldsymbol{a}=\frac{\partial a_i}{\partial x_i}, \quad \mathrm{div}\,A=\nabla\cdot A=\frac{\partial A_{ij}}{\partial x_i} \quad (j\,成分)$$

これに対し，ナブラ演算子をベクトルに外積した量を回転（rotation）という．

$$\mathrm{rot}\,\boldsymbol{a}=\nabla\times\boldsymbol{a}=\begin{vmatrix} e_1 & e_2 & e_3 \\ \dfrac{\partial}{\partial x_1} & \dfrac{\partial}{\partial x_2} & \dfrac{\partial}{\partial x_3} \\ a_1 & a_2 & a_3 \end{vmatrix}$$

力学で学んだように，角速度ベクトル $\boldsymbol{\omega}$ $[\mathrm{rad/s}]$ で等速回転運動する物体の速度 $\boldsymbol{u}$ は，原点からの位置ベクトルを $\boldsymbol{r}$ とすると，$\boldsymbol{u}=\boldsymbol{\omega}\times\boldsymbol{r}$ と表せる．回転軸を x_3 軸にとり角速度の大きさを ω とすると $\boldsymbol{\omega}=(0,0,\omega)$ と書けるので，

$$\boldsymbol{u}=\boldsymbol{\omega}\times\boldsymbol{r}=\begin{vmatrix} e_1 & e_2 & e_3 \\ 0 & 0 & \omega \\ x_1 & x_2 & x_3 \end{vmatrix}=(-\omega x_2, \omega x_1, 0)$$

となる．この速度の回転を求めると，

$$\mathrm{rot}\,\boldsymbol{u}=\begin{vmatrix} e_1 & e_2 & e_3 \\ \dfrac{\partial}{\partial x_1} & \dfrac{\partial}{\partial x_2} & \dfrac{\partial}{\partial x_3} \\ -\omega x_2 & \omega x_1 & 0 \end{vmatrix}=(0,0,2\omega)=2\boldsymbol{\omega}$$

となり，$\mathrm{rot}\,\boldsymbol{u}$ が回転角速度ベクトルの 2 倍を表していることがわかる．したがって，速

度ベクトルの回転から流れの回転角速度ベクトルに関する情報（これを渦度という）が得られる.

勾配, 発散, 回転に関して成り立つ次の2つの恒等式は有用である（証明は各自試みられたい）.

$$\text{rotgrad}\, f = \nabla \times (\nabla f) = 0, \qquad \text{divrot}\, \boldsymbol{a} = \nabla \cdot (\nabla \times \boldsymbol{a}) = 0$$

例えば, 流れの速度がスカラー関数 ϕ（速度ポテンシャル）の勾配で $\boldsymbol{u} = \text{grad}\, \phi$ と表される場合（9.2節参照）, 恒等式から $\boldsymbol{\omega} = \text{rot}\, \boldsymbol{u} = 0$ となり渦なしの流れとなることがわかる. 逆に, 渦なしの流れでは $\text{rot}\, \boldsymbol{u} = 0$ なので, 恒等式 $\text{rotgrad}\, f = 0$ から速度 $\boldsymbol{u}$ は何らかのスカラー関数 f により $\boldsymbol{u} = \text{grad}\, f$ と表せると考えてもよい. 非圧縮性流れの連続の式は $\text{div}\, \boldsymbol{u} = \nabla \cdot \boldsymbol{u} = 0$ なので速度はベクトル関数 $\boldsymbol{a}$ を用いて $\boldsymbol{u} = \text{rot}\, \boldsymbol{a}$ と表せることもわかる（この $\boldsymbol{a}$ をベクトルポテンシャルという）.

勾配と発散を用いるとラプラス方程式は以下のようにいくつかの形で表せる.

$$\text{divgrad}\, f = \nabla \cdot \nabla f = \nabla^2 f = \frac{\partial^2 f}{\partial x_1^2} + \frac{\partial^2 f}{\partial x_2^2} + \frac{\partial^2 f}{\partial x_3^2} = 0$$

直交座標系の矩形領域でラプラス方程式を満たす解は三角関数の重ね合わせで表せるので, 調和関数とよばれる. また, 9.4節で学んだように複素数の正則関数の実部または虚部は2次元のラプラス方程式の解となる.

C. ガウスの発散定理・ストークスの定理

前節では, 空間内の微小直方体に対して次式を得た.

$$\sum_{6\text{面}} G \cdot dS = \left(\frac{\partial G_1}{\partial x_1} + \frac{\partial G_2}{\partial x_2} + \frac{\partial G_3}{\partial x_3} \right) dV = \nabla \cdot G\, dV$$

任意形状の体積（表面積 S, 体積 V）は無限個の微小直方体の和で表せるので, 上式を V 内の全ての微小体積について積算することにより, 次式を得る.

$$\int_S G \cdot dS = \int_V \nabla \cdot G\, dV$$

面積積分と体積積分の相互変換を表す上式を**ガウス（Gauss）の発散定理**という. なお, 面積積分を面積分, 体積積分を体積分と呼ぶことも多い. 上式は G がテンソル $G = G_{ij}$ であっても成り立つ. また, 面の外向き単位法線ベクトルを用いると $G \cdot dS = G \cdot \boldsymbol{n} dS = \boldsymbol{n} \cdot G dS$ と書けるので

$$\int_S \boldsymbol{n} \cdot G dS = \int_V \nabla \cdot G dV$$

とも表せる. 実は, 上式の（$\cdot G$）の部分をスカラー関数 f や外積（$\times G$）に変えても成り立つ. すなわち,

$$\int_S \boldsymbol{n} f dS = \int_V \nabla f dV \quad \rightarrow \quad \int_S f dS = \int_V \operatorname{grad} f dV$$

$$\int_S \boldsymbol{n} \times G dS = \int_V \nabla \times G dV \quad \rightarrow \quad -\int_S G \times dS = \int_V \operatorname{rot} G dV$$

したがって, 発散定理を以下の積分変換式にしておくと便利である.

$$\int_S \boldsymbol{n} (\quad) dS = \int_V \nabla (\quad) dV$$

すなわち, $S \leftrightarrow V$ の積分変換の際に $\boldsymbol{n} \leftrightarrow \nabla$ とすると記憶しておけばよい.

　閉曲線 C まわりの一周線積分と閉曲線を縁とする開曲面 S 上の面積積分に関する以下の変換定理を**ストークス**（Stokes）**の定理**という.

$$\oint_C \boldsymbol{u} \cdot dl = \int_S (\nabla \times \boldsymbol{u}) \cdot dS \quad \text{あるいは} \quad \oint_C \boldsymbol{u} \cdot dl = \int_S \operatorname{rot} \boldsymbol{u} \cdot dS$$

ここで, dl は線要素ベクトルであり, 曲線の単位接線ベクトル t と線要素の長さ dl を用いて $dl = t dl$ と書ける. 上式の証明はここでは省くが, 興味ある読者はベクトル解析の教科書を参照されたい.

　流体力学を学ぶ上では, ガウスの発散定理により閉曲面を有する体積に対して面積積分と体積積分の変換ができること, ストークスの定理により閉曲線に対する一周線積分を面積積分に変換できることを記憶しておけば, さしあたって十分である.

演習問題解答

1章

1.1 式 (1.14) に示すように，動粘性係数 ν は，粘性係数 μ を密度 ρ で割った値をもつ．よって，動粘性係数 ν は $1.0 \times 10^{-6}\,\mathrm{m^2/s}$ である．また，密度 ρ は粘性係数 μ を動粘性係数 ν で割った値をもつ．よって，密度の値は $1.0\,\mathrm{kg/m^3}$ である．

1.2 式 (1.15) より，圧力 $P = P_0 + \rho g h$ である．水深 $50\,\mathrm{m}$ における絶対圧は $5.91 \times 10^5\,\mathrm{Pa}\,(= 591\,\mathrm{kPa})$ である．

1.3 海面下の容積が V' の氷山に働く浮力は $\rho V' g$，全容積が V の氷山に働く重力は $\rho_0 V g$ であり，両者は等しい．よって，全容積に占める海面下の容積の割合 V'/V は ρ_0/ρ と表され，その値は $0.902 = 90.2\%$ である．

2章

2.1
$$\frac{D\boldsymbol{r}}{Dt} = \frac{\partial \boldsymbol{r}}{\partial t} + \left(\boldsymbol{u} \cdot \frac{\partial}{\partial \boldsymbol{r}}\right)\boldsymbol{r} = \boldsymbol{u}, \qquad \frac{D\boldsymbol{u}}{Dt} = \frac{\partial \boldsymbol{u}}{\partial t} + \left(\boldsymbol{u} \cdot \frac{\partial}{\partial \boldsymbol{r}}\right)\boldsymbol{u}$$

上式より，定常流すなわち $\partial \boldsymbol{u}/\partial t = 0$ においても，$\boldsymbol{u} \cdot \nabla \boldsymbol{u} \neq 0$ ならば $D\boldsymbol{u}/Dt \neq 0$ であり，流体粒子は速度場の空間分布に応じた加速度を有することがわかる．

2.2
$$W = \rho U \frac{\pi D_1^2}{4} = 2\rho U_2 \frac{\pi D_2^2}{4}, \qquad U_2 = U\frac{D_1^2}{2D_2^2}$$

2.3 流出孔の圧力は周囲流体の密度が無視できない場合，$P_0 + \rho_0 g h$ となる．（2.7 節では大気の密度は液体の密度に比べて無視できるとしている．）したがって，

$$gh + \frac{P_0}{\rho} = \frac{1}{2}u^2 + \frac{P_0 + \rho_0 g h}{\rho}$$

$$u = \sqrt{2\frac{\rho - \rho_0}{\rho}gh}$$

ρ_0 が大きいほど，出口の圧力が上昇し，u が低下することがわかる．

2.4 $\quad gh + \dfrac{P_0}{\rho} = \dfrac{1}{2}u^2 + \dfrac{P_0}{\rho} + e, \qquad u = \sqrt{2\left(gh - e\right)}$

損失 e の分 u が低下することがわかる．

2.5 断面 1-2 間でベルヌーイの式を書くと,

$$\frac{1}{2}u_1{}^2 + \frac{P_1}{\rho} = \frac{1}{2}u_2{}^2 + \frac{P_2}{\rho}$$

また, 非圧縮性流体の連続の式より

$$u_1 S_1 = u_2 S_2$$

以上より次式を得る.

$$u_2 = \sqrt{\frac{2(P_1 - P_2)}{\rho\left[1 - \left(\dfrac{S_2}{S_1}\right)^2\right]}}$$

したがって, 体積流量 Q は次式で与えられる.

$$Q = u_2 S_2 = \frac{S_2}{\sqrt{\left[1 - \left(\dfrac{S_2}{S_1}\right)^2\right]}}\sqrt{\frac{2(P_1 - P_2)}{\rho}}$$

3 章

3.1 $\Delta P = \dfrac{4L}{W}\tau_W + \rho g L \sin\theta$

3.2 $\lambda = \dfrac{64}{\mathrm{Re}} = \dfrac{64}{1000} = 0.064$

3.3 $\tau_W = \lambda \dfrac{\rho \bar{u}^2}{8} = \dfrac{64}{\mathrm{Re}}\dfrac{\rho\bar{u}^2}{8} = \dfrac{64\mu}{\rho\bar{u}D}\dfrac{\rho\bar{u}^2}{8} = \dfrac{8\mu\bar{u}}{D}$

3.4 $Q = 2\pi\displaystyle\int_0^R u(r)r\,dr = -\dfrac{\pi R^4}{8\mu}\dfrac{dP}{dz}$

この流量の半径, 粘度依存性をハーゲン-ポアズイユ則という.

3.5 $\dfrac{1}{\pi(b^2 - a^2)\Delta z}\left[-(P_{z+\Delta z} - P_z)\pi(b^2 - a^2) - (\tau_W{}^a 2\pi a\Delta z + \tau_W{}^b 2\pi b\Delta z)\right] = 0$

より,

$$-\frac{dP}{dz} = \frac{2(a\tau_W{}^a + b\tau_W{}^b)}{b^2 - a^2}$$

3.6 $\dfrac{1}{r}\dfrac{d}{dr}\left(r\dfrac{du}{dr}\right) = \dfrac{1}{\mu}\dfrac{dP}{dz}$

$$u(r) = -\frac{1}{4\mu}\frac{dP}{dz}\left(a^2 - r^2 + \frac{a^2 - b^2}{\ln(b/a)}\ln\left(\frac{a}{r}\right)\right)$$

3.7 $\tau_W{}^a = \mu\dfrac{du}{dr}\bigg|_{r=a} = -\dfrac{1}{4}\dfrac{dP}{dz}\left(-2a - \dfrac{a^2 - b^2}{a\ln(b/a)}\right)$

$$\tau_W{}^b = -\mu \left.\frac{du}{dr}\right|_{r=b} = \frac{1}{4}\frac{dP}{dz}\left(-2b - \frac{a^2-b^2}{b\ln(b/a)}\right)$$

両式より $\ln(b/a)$ を消去すると

$$-\frac{dP}{dz} = \frac{2(a\tau_W{}^a + b\tau_W{}^b)}{b^2 - a^2}$$

となり，問題 3.5 の結果と一致する．

4 章

4.1　$P_s = P_0 + \rho U^2/2$

4.2　省略

4.3　省略

4.4　剛体表面の場合には変形しないので，$\partial F/\partial t = 0$ となる．また，$F(t, x, y, z) = 0$ の曲面での単位法線ベクトル $\boldsymbol{n}$ と，F の勾配：∇F が平行である，すなわち，$\boldsymbol{n} = \nabla F/|\nabla F|$ であることに注意すると，式（4.16）は

$$u\frac{\partial F}{\partial x} + v\frac{\partial F}{\partial y} + w\frac{\partial F}{\partial z} = \boldsymbol{u}\cdot\nabla F = 0$$

で表されることから，上式の辺々を $|\nabla F|$ で割ると，式（4.2）が導かれる

4.5　$F(t, r) = r - R(t) = 0$（ただし，$r = \sqrt{x^2+y^2+z^2}$ と置き，界面での半径方向の流体の速度を u_r として，式（4.16）を用いると，以下の式が得られる．

$$\frac{dR}{dt} = u_r$$

5 章

5.1　(1)　損失を考慮しない場合，式（5.5）は 1–2 間に対して，

$$\frac{P_0}{\rho g} + H = \frac{P_0}{\rho g} + \frac{u_2{}^2}{2g}$$

よって，

$$u_2 = \sqrt{2gH} = \sqrt{2\times9.8\times1.0} = 4.4 \text{ m/s}$$

(2)　入口損失と摩擦損失を考慮した場合は，式（5.5）より，

$$H = \frac{u_2{}^2}{2g} + \zeta_{in}\frac{u_{in}{}^2}{2g} + \lambda\frac{L}{D}\frac{u_p{}^2}{2g}$$

円管の径は一定であるため，入口損失と摩擦損失の計算に用いる速度は $u_{in} = u_p = u_2$．よって，

$$u_2 = \sqrt{\frac{2gH}{1 + \zeta_{in} + \lambda\frac{L}{D}}} = \sqrt{\frac{2\times9.8\times1.0}{1 + 0.03 + 0.025\times\dfrac{2.5}{0.025}}} = 2.4 \text{ m/s}$$

5.2 相対粗さは 0.01. ムーディー線図からこの相対粗さと指定されたレイノルズ数における管摩擦係数を読み取ると，0.040 である．また，レイノルズ数から速度を求めると，2.4 m/s である．これらより必要なヘッドを求めると，1.48 m となる．

5.3 管が十分に滑らかな場合，コールブルックの式

$$\frac{1}{\sqrt{\lambda(\mathrm{Re}, \varepsilon/D)}} = -2\ln\left(\frac{\varepsilon/D}{3.71} + \frac{12.51}{\mathrm{Re}\sqrt{\lambda}}\right)$$

において $\varepsilon/D = 0$ とおくと，

$$\frac{1}{\sqrt{\lambda(\mathrm{Re}, \varepsilon/D)}} = -2\ln\left(\frac{2.51}{\mathrm{Re}\sqrt{\lambda}}\right) = 2\ln(\mathrm{Re}\sqrt{\lambda}) - 0.80$$

となり，カルマン-ニクラーゼの式と等価であることがわかる．また，十分に粗くレイノルズ数が高い（$\mathrm{Re}\sqrt{\lambda}(\varepsilon/D)$ が大きい）場合には，コールブルックの式の対数内第 2 項を無視すると，

$$\frac{1}{\sqrt{\lambda(\mathrm{Re}, \varepsilon/D)}} = -2\ln\left(\frac{\varepsilon/D}{3.71}\right) = 1.14 - 2\ln(\varepsilon/D)$$

となり，カルマンの式に帰着する．

5.4 急拡大による局所圧力損失は $\Delta P_s = \zeta_s \rho u_1^2 / 2$ で与えられるので，これが上流側の動圧の半分に相当するのは $\zeta_s = 0.5$ のときである．式 (5.19) $\zeta_s = [1 - (A_1/A_2)]^2 = [1 - (D_1/D_2)^2]^2$ より，$\zeta_s = 0.5$ となるのは $D_1/D_2 = 0.54$ のときである．

5.5 本文で述べたように，この複合管路では以下の諸式が成り立つ．

$$Q_1 + Q_2 = Q_3 \tag{a}$$
$$H_{AC} = k_1 Q_1^2 + k_3 Q_3^2 \tag{b}$$
$$H_{BC} = k_2 Q_2^2 + k_3 Q_3^2 \tag{c}$$

ここで，

$$k_n = \frac{8\lambda_n L_n}{g\pi^2 D_n^5} \text{ for } n = 1, 2, 3 \tag{d}$$

ただし，$L_n' = L_n$ とした．式 (a) を式 (b) に代入して Q_1 を消去し，さらに式 (c) を用いて変形すると次式を得る．

$$\left(k_1 - \frac{H_{AC}}{H_{BC}} k_2\right)\left(\frac{Q_2}{Q_3}\right)^2 - 2k_1\left(\frac{Q_2}{Q_3}\right) + \left(k_1 + k_3 - \frac{H_{AC}}{H_{BC}} k_3\right) = 0 \tag{e}$$

式 (e) を解くと流量比 $Q_2/Q_3 = 0.52$ を得る．式 (c) に流量比を代入すると

$$Q_3 = \sqrt{H_{BC}/[k_2(Q_2/Q_3)^2 + k_3]} \tag{f}$$

より Q_3 が求まり，さらに式 (b)，(c) から Q_1，Q_2 が計算できる．その結果，$Q_1 = 8.1 \times 10^{-3} \mathrm{m^3/s}$，$Q_2 = 8.7 \times 10^{-3} \mathrm{m^3/s}$，$Q_3 = 1.68 \times 10^{-2} \mathrm{m^3/s}$ を得る．

6章

6.1 連続の式は $Q=Q_1+Q_2$ である．分岐後の流速をそれぞれ v_1，v_2 とすると，分岐部から十分に離れた箇所はすべて大気圧であることを考慮すれば，ベルヌーイの式から $v_1=v_2=v$ の関係がある．

(1) 摩擦のない平板だから，板に沿う方向（X 方向とする）には流体には力は及ばない．したがって，運動量の板に沿う成分を考慮すれば，X 方向の運動量の法則から

$$\rho v_1 Q_1 + \rho v_2 \cos(\alpha+\beta) Q_2 + \rho v \cos \alpha(-Q) = 0$$

であり，前述の連続の式とベルヌーイの式の関係を用いて整理すると

$$Q_1 + \cos(\alpha+\beta) Q_2 - (Q_1+Q_2)\cos\alpha = 0$$

となるから，問題で与えた式が導かれる．

(2) 摩擦のない平板が $\alpha=90°$ で設置されているから，$F_X(=F_y)=0$ であり，平板に働く力は x 方向成分だけを有する．運動量の x 方向成分に関して，板が流れに与える力を F_x とする．運動量の法則から

$$\rho v_2 \cos \beta Q_2 - \rho v Q = F_x$$

である．小問（1）の結果から，$\cos(90°+\beta)=-Q_1/Q_2$ すなわち $\sin\beta=-Q_1/Q_2$ と，角度 β は流量の振り分け方によって変化する．以上より，連続の式とベルヌーイの式の関係を用いると，流れが板に与える力 $F=(-F_x)$ は

$$F = \rho v (Q_1 + Q_2 - \sqrt{Q_2^2 - Q_1^2})$$

（平方根の中が負の値をもつことはないことを確認しておいてほしい）

6.2 連続の式から $u_1=u_2$ である．平均速度 $\bar{u}$ の成分は $\bar{u}=u_1=u_2$，$\bar{v}=1/2(v_1+v_2)$ である．フィン列と流体の間にエネルギーの授受はないので，上流側と下流側でベルヌーイの式

$$\rho \frac{u_1^2+v_1^2}{2} + P_1 = \rho \frac{u_2^2+v_2^2}{2} + P_2$$

が成立する．したがって，フィンの両側の圧力差は

$$P_1 - P_2 = \rho(v_2-v_1)\bar{v}$$

となる．次に，1ピッチ（奥行き方向単位長さ）を検査体積とする運動量の法則を考える．その際，フィンが流体におよぼす力は $-R$ であること，x 方向には流出する運動量と流入する運動量は等しいこと，y 方向には周期的だからピッチ間の圧力差はないことに注意する．運動量の法則

$$0 = -R_x + t(P_1-P_2), \qquad \rho t u_1(v_2-v_1) = -R_y$$

からフィン1枚あたりに働く力

$$R_x = \rho t(v_2-v_1)\bar{v}, \qquad R_y = -\rho t u_1(v_2-v_1)$$

となる．内積が $R \cdot \bar{u} = R_x \bar{u} + R_y \bar{v} = 0$ となるから，通過前後の平均速度 $\bar{u}$ とフィンに働く力 R は直交することがわかる．

6.3 図のように，出口断面の相対流速は $w = Q/S$ である．出口断面は $u = R\Omega$ の周速度をもっている．これに対して，静止系からみた放水の絶対速度を v，これが半径方向となす角を ϕ とする．絶対速度，相対速度，周速度の関係は半径方向，周方向成分に対してそれぞれ

$$v \cos \phi = w \cos \theta, \quad v \sin \phi = w \sin \theta - R\Omega$$

である．ノズルは回転しているため，静止系からみた流出方向は定常ではなく，流出は軸対称でもない．しかし，流量と角速度が一定であれば，スプリンクラーの出口半径をもつ円筒領域（平面図の破線の円）を検査体積とすれば，単位時間あたりに流出する角運動量は 2 本のノズルを合わせて常に $-2\rho R(v \sin \phi)Q$ である．スプリンクラーが水に与える回転軸のまわりのモーメント N は，角運動量の法則から

$$N = -2\rho QR(v \sin \phi) = 2\rho QR\left(R\Omega - \frac{Q}{S}\sin \theta\right)$$

であり，スプリンクラーの軸にはたらくトルクは $T = -N$ である．

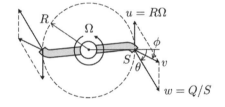

(1) 軸にトルクがかからない状態で自由に回転しているから，$T = 0$ とおけばよい．このとき，$\Omega = Q \sin \theta / SR$.

(2) 回転を止める状況であるから，$\Omega = 0$ とおけばよい．このとき，管路に $N = -2\rho Q^2 R \sin \theta / S$ のトルクを与える必要がある（符号は，反時計周り方向に回転しようとするのに対して，時計周り方向にトルクを与えることを示す）．

6.4 噴流とバケットが衝突する角度は非定常であるが，常に代表点で衝突して定常的に流出するという考え方を準定常の近似という．さらに，噴流の圧力はバケットから離れればいたるところ大気圧と考える．複雑な現象をこのように割り切れば，定常流れに対する運動量の法則を適用することができる．また，バケットとともに移動する系での相対流れにはベルヌーイの式が成り立つ．したがって，バケットに対する相対流れは，衝突前後でいずれも流速 $v - u$ である．

(1) 体積流量は $Q = Sv$ である．噴流はバケットに衝突した後，x 方向には相対速度 0 で離れる．したがって，x, y 方向の運動量の法則は

$$\rho Qu - \rho Qv = -F_x, \qquad -\rho Q(v - u) - 0 = -F_y$$

であるから，噴流が羽根車に与える力は両成分とも次のようになる．

$$F_x = F_y = \rho Q v (v - u)$$

（噴流を受けるバケットは動いているが，固定されている衝突点に到達する流量 Q は $S(v-u)$ ではなく Sv であることに注意されたい）

(2)　衝突点でのバケットの移動速度は x 方向に u であるから，羽根の受ける動力は

$$P_w = F_x u = \rho Q u v (v - u)$$

である．（羽根車に与えられるトルクは $T = F_x R$ であり，$P_w = T\omega$ と考えても同じ結果になる）

(3)　動力の授受を考慮したエネルギーの関係式

$$\frac{1}{2}\rho v^2 = \frac{P_w}{Q} + \frac{1}{2}\rho v_2^2$$

において $P_w/Q = \rho u(v-u)$ であるから，$v_2^2 = v^2 - 2u(v-u)$ の関係から $v_2 = \sqrt{(v-u)^2 + u^2}$ となる．また，下流の下向き成分は $\sqrt{v_2^2 - u^2} = v - u$ となるから，$\beta = \tan^{-1}((v-u)/u)$ である．

（別解：バケット出口で速度三角形を描けば直ちに $v_2^2 = (v-u)^2 + u^2$ が得られる）

7章

7.1　式 (7.6) の関係を用いて次の関係が導かれる．

$$\mathrm{Re} = \frac{Ux}{\nu} \sim \frac{U}{\nu}\frac{\delta^2 U}{\nu} = \left(\frac{U\delta}{\nu}\right)^2 \sim \mathrm{Re}_\delta^2$$

境界層の臨界レイノルズ数は $10^5 \sim 10^6$ 程度と円管内の乱流遷移が生じる臨界レイノルズ数 10^3 程度に比べて著しく大きかった．これは，円管内流れのレイノルズ数では代表長さに円管直径を用いたが，発達した円管内流れでは円管の半径が境界層厚さ δ 程度と見積もれば，上式から Re は Re_δ の 2 乗程度となり，両者の違いがレイノルズ数の定義に用いた代表長さの違いに起因することがわかる．

7.2　式 (7.10) において，$U \sim R\omega$，$S \sim R^2$ であることから，

$$F_\mu = C_\mu \frac{1}{2}\rho U^2 S \sim C_\mu \frac{1}{2}\rho \omega^2 R^4$$

なお，回転円盤のレイノルズ数 Re は

$$\mathrm{Re} = \frac{UR}{\nu} = \frac{\omega R^2}{\nu}$$

で定義され，C_μ は例えば以下の式で与えられる．

$$C_\mu = \begin{vmatrix} \dfrac{1.935}{\sqrt{\mathrm{Re}}} & (\mathrm{Re} < 3 \times 10^5) \\[3ex] \dfrac{0.0728}{\mathrm{Re}^{0.2}} & (5 \times 10^5 < \mathrm{Re}) \end{vmatrix}$$

7.3 $F_L = C_L \dfrac{1}{2} \rho U^2 S = F_g = Mg$

より，

$$S = \frac{2Mg}{C_L \rho U^2} = \frac{2 \times 1.2 \times 10^3 \times 9.8}{0.4 \times 1.0 \times \left(\dfrac{300 \times 10^3}{3600}\right)^2} = 8.5 \ \mathrm{m}^2$$

7.4   鉛直方向の力のつりあいから，

$$F_L = F_g, \quad C_L \frac{1}{2} \rho U^2 S = Mg, \quad U = \sqrt{\frac{2g}{C_L \rho} \frac{M}{S}}$$

また，水平方向の力の釣り合いから，

$$F_{\mathrm{th}} = F_D$$

ここで，

$$F_D = C_D \frac{1}{2} \rho U^2 S, \quad F_L = C_L \frac{1}{2} \rho U^2 S = \frac{C_L}{C_D} F_D$$

したがって，

$$F_g = \frac{C_L}{C_D} F_D = \frac{C_L}{C_D} F_{th}$$

すなわち，F_{th} が一定であれば揚抗比 C_L / C_D が高いほど，重い機体で飛行できる．

8 章

8.1   密度を $\rho = \rho_0 \exp(-y/b)$ として，速度場を (u_0, v_0, w_0)：$(u_0, v_0, w_0$ は定数) と表す．これらの関係を式（8.12）左辺に代入すると，

$$\frac{\partial \rho}{\partial t} + \frac{\partial \rho u}{\partial x} + \frac{\partial \rho v}{\partial y} + \frac{\partial \rho w}{\partial z} = -b\rho_0 v_0 \exp\left(-\frac{y}{b}\right) \neq 0$$

となり，連続の式（質量保存）を満足しない．したがってこのような流れは存在しない．$v_0 = 0$ の流れ場 $(u_0, 0, w_0)$ は存在可能である．

8.2   単位時間当り，図の AB からの流入と CD からの流出流量の差，同様に BC と AD の差は，それぞれ以下のように書ける．

$$\mathrm{AB} - \mathrm{CD} : -\frac{\partial r u_r}{\partial r} dr d\theta, \qquad \mathrm{BC} - \mathrm{AD} : \frac{\partial u_\theta}{r \partial \theta} dr d\theta$$

これらの合計がゼロとなることから，式（8.56）を導くことができる.

8.3 （1）幾何学関係より，次式となる.

$$u = u_r \cos\theta - u_\theta \sin\theta, \qquad v = u_r \sin\theta - u_\theta \cos\theta$$

（2）$r = \sqrt{x^2 + y^2}$ より，$\dfrac{\partial r}{\partial x} = \dfrac{x}{\sqrt{x^2 + y^2}} = \cos\theta$，同様に，$\dfrac{\partial r}{\partial y} = \sin\theta$

例えば $\tan\theta = y/x$ の両辺を x で偏微分すると，

$$\frac{1}{\cos^2\theta}\frac{\partial\theta}{\partial x} = -\frac{y}{x^2} \text{ より，} \frac{\partial\theta}{\partial x} = -\frac{\sin\theta}{r}. \text{ 同様に，} \frac{\partial\theta}{\partial y} = \frac{\cos\theta}{r}$$

（3）（1），（2）の関係を式（8.14）に代入して計算すると，式（8.56）が得られる.

8.4 例えば x 方向について，式（8.39）の左辺を変形し，式（8.11）を適用すると，

$$\frac{\partial\rho u}{\partial t} + \frac{\partial\rho u^2}{\partial x} + \frac{\partial\rho uv}{\partial y} = u\left(\frac{\partial\rho}{\partial t} + \frac{\partial\rho u}{\partial x} + \frac{\partial\rho v}{\partial y}\right) + \rho\left(\frac{\partial u}{\partial t} + u\frac{\partial u}{\partial x} + v\frac{\partial u}{\partial y}\right)$$

$$= \rho\left(\frac{\partial u}{\partial t} + u\frac{\partial u}{\partial x} + v\frac{\partial u}{\partial y}\right) = -\frac{\partial P}{\partial x} + \rho f_x$$

が得られる．両辺を ρ で除すと式（8.41）が得られる．式（8.42）も同様の手順により求めることができる.

9章

9.1 式（9.31）より，

$$\frac{dW}{dz} = u - iv = -\frac{i\Gamma}{2\pi}\frac{x - iy}{x^2 + y^2}, \quad \therefore u = -\frac{\Gamma}{2\pi}\frac{y}{x^2 + y^2}, \quad v = -\frac{\Gamma}{2\pi}\frac{x}{x^2 + y^2}$$

したがって，$\dfrac{\partial v}{\partial x} - \dfrac{\partial u}{\partial y} = \dfrac{\Gamma}{2\pi}\dfrac{x^2 + y^2}{(x^2 + y^2)^2} + \dfrac{\Gamma}{2\pi}\dfrac{x^2 + y^2}{(x^2 + y^2)^2} = 0$

9.2 （1）右図の幾何学関係より，題意の関係が得られる.

（2）$x = r\cos\theta$，$y = r\sin\theta$ より，

$$\frac{\partial x}{\partial r} = \cos\theta, \quad \frac{\partial y}{\partial r} = \sin\theta, \quad \frac{\partial x}{r\partial\theta} = -\sin\theta,$$

$$\frac{\partial y}{r\partial\theta} = \cos\theta$$

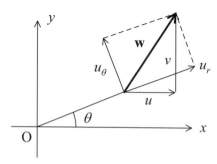

したがって，$\dfrac{\partial\phi}{\partial r} = \dfrac{\partial\phi}{\partial x}\dfrac{\partial x}{\partial r} + \dfrac{\partial\phi}{\partial y}\dfrac{\partial y}{\partial r}$

$$= u\cos\theta + v\sin\theta = u_r$$

また，$\dfrac{\partial \phi}{r\partial \theta} = \dfrac{\partial \phi}{\partial x}\dfrac{\partial x}{r\partial \theta} + \dfrac{\partial \phi}{\partial y}\dfrac{\partial y}{r\partial \theta} = -u\sin\theta + v\cos\theta = u_\theta$

9.3　(1)　$\psi(x, y) = x^2 - y^2 + x + y = (x - y + 1)(x + y)$ より，$\psi(x, y) = 0$ の流線の1つは，$y = -x$ となり，原点を通る直線となる．

(2)　$u = \dfrac{\partial \psi}{\partial y} = -2y + 1$，$v = -\dfrac{\partial \psi}{\partial x} = -2x - 1$　(i) の流線上でベルヌーイの式を考えると，

$$\frac{P}{\rho} + \frac{1}{2}(u^2 + v^2) = \frac{P}{\rho} + (2x + 1)^2 = C$$

圧力が最大になるのは，$\left(-\dfrac{1}{2}, \dfrac{1}{2}\right)$

9.4　式 (9.32) より，2つの自由渦を重ね合わせると，流れの関数は，

$\psi = \dfrac{\Gamma}{2\pi}\ln\dfrac{r_2}{r_1} = \dfrac{\Gamma}{2\pi}\ln\dfrac{r_2}{r_1} = \dfrac{\Gamma}{2\pi}\ln\dfrac{\sqrt{(x+a)^2 + y^2}}{\sqrt{(x-a)^2 + y^2}}$　（r_1, r_2 は $(a, 0)$, $(-a, 0)$ からの距離

を表す）．上式より，固体面 $x = 0$ は，$\psi = 0$ の流線となることがわかる．

9.5　$W = z^3 = (x + iy)^3 = x^3 - 3xy^2 + i(-y^3 + 3x^2y)$ より，

$\psi = -y^3 + 3x^2y = -y(y + \sqrt{3}x)(y - \sqrt{3}x)$．したがって，

$y = 0$，および $y = \sqrt{3}x = \tan(\pi/3)x$ は流線 $\psi = 0$ となり，壁面を表すので，60°のコーナー内流れとなる．

10章

10.1　図のように，平板に沿って x 座標，平板に垂直に y 座標を設定する．自由表面の仮定により，液面の境界条件は圧力が一定であり，液膜の厚さも一定であるから，平板に沿う圧力勾配は0である．また，流れは x 方向に変化しない．以上より，速度分布 u (y) は x 方向の運動方程式

$$\nu\frac{d^2u}{dy^2} + g\sin\beta = 0$$

から求められる．速度の境界条件は，平板上ではすべりなし条件から $y = 0$ で $u = 0$，液面では摩擦応力は0であるから $y = h$ で $\partial u/\partial y = 0$ となる．したがって速度分布は

$$u(y) = \frac{g\sin\beta}{2\nu}(2hy - y^2)$$

10.2　十分に発達した軸対称の定常流れであることから，連続の式は $\partial(ru_r)/\partial r = 0$ となり，$ru_r = $ 一定であるが，いずれの場合も管壁で $u_r = 0$ であるから，いたるところ $u_r = 0$ となる．

(1)　周方向の運動方程式と境界条件から，至るところ $u_\theta = 0$ である．したがって，軸方向の運動方程式は

$$-P_z + \frac{\mu}{r}\frac{d}{dr}\left(r\frac{du_z}{dr}\right) = 0$$

となり，これを r で積分すれば

$$u_z(r) = \frac{P_z}{4\mu}r^2 + a\ln r + b$$

となる．まず，境界条件 $u_z(r_{in}) = u_z(r_{out}) = 0$ より，速度分布は

$$u_z(r) = \frac{-P_z}{4\mu}\left(r_{in}^2 - r^2 + \frac{r_{out}^2 - r_{in}^2}{\ln(r_{out}/r_{in})}\ln\frac{r}{r_{in}}\right)$$

(2)　軸方向の運動方程式と境界条件から，至るところ $u_z = 0$ である．したがって，周方向の運動方程式は

$$\frac{d^2u_\theta}{dr^2} + \frac{1}{r}\frac{du_\theta}{dr} - \frac{u_\theta}{r^2} = 0$$

であり，これを解けば

$$u_\theta(r) = ar + \frac{b}{r}$$

となる．境界条件 $u_\theta(r_{in}) = r_{in}\omega,\ u_\theta(r_{out}) = 0$ より，速度分布は

$$u_\theta(r) = \frac{r_{in}^2\omega}{r_{out}^2 - r_{in}^2}\left(\frac{r_{out}^2}{r} - r\right)$$

10.3　この場合の x 方向運動方程式は式（10.39）と同じであり，無次元化した式（10.43）を積分すると式（10.44）となる．$\eta = y/(2\sqrt{\nu t})$ に対して，初期（$t \to 0$）と境界（$y \to \pm\infty$）はともに $\eta \to \pm\infty$ に対応する．初期条件と境界条件から式（10.44）の A, B を決めることができ，速度分布は

$$u(y, t) = \frac{2U}{\sqrt{\pi}}\int_0^{y/2\sqrt{\nu t}} e^{-\eta^2}d\eta$$

10.4　粒子に働く重力が流体抵抗と浮力の和につりあうから，一定速度 U で落下する状態での力のつりあいは

$$C_D \times \frac{1}{2}\rho_f U^2 \times \frac{\pi}{4}d^2 = (\rho_s - \rho_f)g\frac{\pi}{6}d^3$$

で表される．

(1)　周速度は以下のように与えられる

$$U = \sqrt{\frac{4}{3}\frac{g}{C_D}\left(\frac{\rho_s}{\rho_f} - 1\right)d}$$

(2)　ストークスの抵抗則が適用される場合には，式（10.57）により

$$U = \frac{g}{18\nu}\left(\frac{\rho_s}{\rho_f} - 1\right)d^2$$

11章

11.1 式（11.33）の関係を用いて，温度は 280 K.

11.2 （1）　等エントロピー流れの関係式を用いて

$$\left(\frac{u}{u_1}\right)^2 = 1 + \frac{2}{(\gamma-1)M_1^2}\left\{1 - \left(\frac{P}{P_1}\right)^{(\gamma-1)/\gamma}\right\}$$

（2）　$C_P = \dfrac{2}{\gamma M_1^2}\left\{\left[\left\{1 - \left(\dfrac{u}{u_1}\right)^2\right\}\dfrac{(\gamma-1)M_1^2}{2} + 1\right]^{\gamma/(\gamma-1)} - 1\right\}$

（3）　$M_1^2 \ll 1$ として，テーラー展開すると

$$C_P = 1 - \left(\frac{u}{u_1}\right)^2$$

が導かれる.

11.3 （1）質量流量を $G = \rho u S$ とすると，エネルギー式と等エントロピーの関係式から

$$G = S_{th}\sqrt{\frac{2\gamma\rho_0 P_0}{\gamma-1}\left\{\left(\frac{P_{th}}{P_0}\right)^{2/\gamma} - \left(\frac{P_{th}}{P_0}\right)^{(\gamma+1)/\gamma}\right\}}$$

が得られる. ここで，P_{th} はスロート部での圧力である. G が P_{th} に対して極値をとる条件

$$\frac{dG}{dP_{th}} = 0$$

から，

$$\frac{P_{th}}{P_0} = \left(\frac{2}{\gamma+1}\right)^{\gamma/(\gamma-1)}$$

を得る. したがって

$$G_{max} = S_{th}\sqrt{\gamma\rho_0 P_0\left(\frac{2}{\gamma+1}\right)^{(\gamma+1)/(\gamma-1)}}$$

（2）　質量保存と等エントロピー流れの関係式より以下の関係が得られる.

$$\frac{S_1}{S_2} = \frac{M_2}{M_1}\left(\frac{1 + \dfrac{\gamma-1}{2}M_1^2}{1 + \dfrac{\gamma-1}{2}M_2^2}\right)^{(\gamma+1)/[2(\gamma-1)]}$$

11.4 衝撃前後の圧力をそれぞれ P_{1s}，P_{2s} とする. 等エントロピー流れの関係式より，P_{1s}/P_1 と P_{2s}/P_2 を求め，衝撃前後の圧力比の関係式から P_{2s}/P_{1s} を求めると，

$$\frac{P_2}{P_1}=\frac{P_{1s}}{P_1}\frac{P_{2s}}{P_{1s}}\frac{P}{P_{2s}}=\left\{\frac{(\gamma+1)M_1^2}{(\gamma-1)M_1^2+2}\right\}^{\gamma/(\gamma-1)}\left\{\frac{2\gamma M_1^2-(\gamma-1)}{\gamma+1}\right\}^{-1/(\gamma-1)}$$

が導かれる．これにより $P_1>P_2$ となる．

索　引

あ　行

亜音速流（subsonic flow）134
アクチュエーターディスク　63
圧縮機（compressor）62
圧縮性流体（compressible fluid）3
圧縮率（compression ratio, β）3
圧力（pressure）2
　　——降下（pressure drop）23
　　——勾配（pressure gradient）24
　　——抵抗（pressure drag）68
　　——ヘッド（pressure head）15
アルキメデスの原理（Archimedes' principle）7

位相速度（phase velocity）103
位置ヘッド（potential head）15
一般気体定数（universal gas constant）3
移流項（advection term）85

渦度（vorticity）91
渦粘性（eddy viscosity）123
運動学的境界条件（kinematic boundary condition）32
運動方程式（equation of motion）78
運動量厚さ（momentum thickness）69, 119
運動量の法則（momentum theorem）54

エネルギー散逸（energy dissipation）27, 126
エネルギー式　62
エルボ（elbow）48
遠心ポンプ（centrifugal pump）64

オイラーの運動方程式（Euler's equation of motion）83

オイラーの方法（Eularian description）9
オイラーヘッド（Euler head）65
音速（speed of sound）131

か　行

外積（cross/outer product）142
回転流（rotational flow）91
ガウスの発散定理（Gauss' divergence theorem）146
角運動量の法則（angular momentum theorem）58
カルマン渦（Karman vortex）34
　　——列（Karman vortex street）72
カルマンの積分方程式（Karman integral equation）119
完全流体（perfect fluid）5, 31, 78
管摩擦係数（friction factor）23

気体定数（gas constant）3
逆圧力勾配（adverse pressure gradient）71
急拡大（sudden expansion）44
急縮小（sudden contraction）44
境界層（boundary layer）31, 35, 68, 115
　　——厚さ（boundary layer thickness）68
強制渦（force vortex）61

クエット流（Couette flow）4, 27, 111
クッタ–ジューコフスキーの定理（Kutta-Joukowski theorem）76
クヌッセン数（Knudsen number, Kn）1

形状抵抗（form drag）68
ゲージ圧（gauge pressure）3
検査体積（control volume）21, 52

検査面　52
原動機（prime mover）　61

構成方程式（constitutive equation）　105
勾配（gradient）　82, 144
後流（wake）　35, 55, 72
抗力（drag force）　68
　　──係数（drag coefficient）　71
コーシー–リーマンの方程式（Cauchy-Riemann equation）　94
混合長（mixing length）　125

さ 行

差圧（differential pressure）　18
サイフォン（siphon）　16
散逸率（dissipation rate）　127

ジェットエンジン（jet engine）　57
軸対称流れ（axisymmetric flow）　60
仕事率（power）　57
示差マノメータ（differential manometer）　18
実質微分（substantial derivative）　10
失速（stall）　75
質量（mass, m [kg]）　3
　　──保存式（mass conservation equation）　13
　　──流量（mass flow rate）　12
自由渦（free vortex）　61, 96
自由界面（free surface）　38
周期（period）　103
終端速度（terminal velocity）　74
主流（main stream/flow）　68
循環（circulation）　75, 91
衝撃（shock）　137
　　──波（shock wave）　137
状態方程式（equation of state）　3
助走距離（entrance length）　37
深水波（deep water wave）　104
振動数（frequency）　103

水車（water wheel）　62, 65
ストークス近似（Stokes' approximation）　114
ストークスの関係（Stokes' relation）　107
ストークスの抵抗則（Stokes law of drag）　115

ストークスの法則（Stokes' law）　73
滑りなし条件（no-slip condition）　4, 115

静圧（static pressure）　19
静水力学（fluid statics）　5
絶対圧（absolute pressure）　3
全圧（total pressure）　19, 62
浅水波（shallow water wave）　103
せん断応力（shear stress）　106
全微分（total derivative）　144
全ヘッド（total head）　15, 62

相似解（similar solution）　113
相対粗さ（relative roughness）　41
送風機（blower）　62
層流（laminar flow）　37
総和規約（summation convention）　142
速度三角形（velocity triangle）　65
速度ヘッド（velocity head）　15
速度ポテンシャル（velocity potential）　92

た 行

大気圧（atmospheric pressure）　3
対数則（log low）　125
体積（volume）　1
体積弾性係数（bulk modulus）　3
体積流量（volume flow rate）　12
体積力（body force）　22, 81
対流項（convection term）　85
タービン（turbine）　62
ターボ機械（turbomachinery）　62
ダランベールのパラドックス（d'Alembert's paradox）　33
ダルシー–ワイスバッハの式（Darcy-Weisbach equation）　41
単純せん断流（Couette flow）　4

超音速流（supersonic flow）　134
長波（long wave）　103

定常流（steady flow）　11, 30
ディフューザ（diffuser）　45
テンソル積（dyadic/tensor product）　142

動圧（dynamic pressure）19
投影面積（projected area）71
等エントロピー流れ（isentropic flow）134
動粘性係数（kinematic viscosity, $\nu\,[\mathrm{m^2/s}]$）5
動粘度（kinematic viscosity, $\nu\,[\mathrm{m^2/s}]$）5
動力（power）57
トリチェリの定理（Torricelli's theorem）16

な 行

内積（dot/inner product）142
流れの関数（stream function）92
ナビエ-ストークスの運動方程式（Navier-Stokes equation of motion）109
ナブラ演算子（nabra operator）144

二次元噴流（two-dimensional jet）55
2次流れ（secondary flow）47
二重吹き出し（doublet）97
ニュートンの粘性則（Newton's law of viscosity）5
ニュートン流体（Newtonian fluid）5, 105

粘性係数（viscosity）4
粘性散逸率（viscous dissipation rate）27
粘性底層（viscous sublayer）42, 125
粘性流体（viscous fluid）5
粘着条件（no-slip condition）4
粘度（viscosity）4

ノズル（nozzle）57

は 行

排除厚さ（displacement thickness）69, 119
剥離（separation）71
　　──点（separation point）71
ハーゲン-ポアズイユ流（Hagen-Poiseuille flow）25, 123
波数（wave number）103
パスカルの原理（Pascal's principle）6
波長（wave length）103
発散（divergence）79, 145
発達した流れ（fully-developed flow）22

波動方程式（wave equation）132
羽根車（impeller）64

非圧縮性流体（incompressible fluid）3
非回転流（irrotational flow）91
比体積（specific volume）2
非定常流（unsteady flow）11, 30
被動機（driven mover）61
ピトー管（Pitot tube）19
非ニュートン流体（non-Newtonian fluid）5
非粘性流体（inviscid fluid）5
比容積（specific volume）2
表皮摩擦（skin friction）68
表皮摩擦抵抗（skin friction drag）70

ファン（fan）62
風車（windmill）62
吹き出しと吸い込み（source, sink）95
複素速度（complex velocity）95
　　──ポテンシャル（complex velocity potential）94
浮体（floating body）7
浮心（center of buoyancy）7
物質微分（material derivative）10
ブラジウスの解（Blasius solution）118
フランシス水車（Francis turbine）65
浮力（buoyancy）6
フルード数（Froude number）110
噴流（ジェット）（jet）55

平行流（parallel flow）95
壁面せん断応力（wall shear stress）23
壁面摩擦速度（wall friction velocity）124
ベルヌーイの式（Bernoulli's equation）14
弁（valve）48
ベンチュリ管（Venturi tube）20
ベンド（bend）47

ポアズイユ流（Poiseuille flow）112
保存則（conservation law）126
ポテンシャル流れ（potential flow）91
ポンプ（pump）62

ま 行

マグナス効果（Magnus effect）　76
摩擦係数（friction coefficient）　23
摩擦抵抗（frictional drag）　68
マッハ数（Mach number）　131
マノメータ（manometer）　18

密度（density）　1

迎え角（angle of attack）　74
ムーディー線図（Moody diagram）　43

メタセンター（metacenter）　7
面積力（surface force）　22, 81

モル数（number of moles）　3

や 行

U 字管マノメータ（U-tube manometer）　18

揚力（lift force）　68
　　——係数（lift coefficient）　74

翼（wing, aerofoil, hydrofoil）　74
よどみ点（stagnation point）　19, 99
　　——圧力（stagnation pressure）　19

ら 行

ラグランジュの方法（Lagrangian description）
　10
ラグランジュ微分（Lagrange derivative）　10
ラバールノズル（Laval nozzle）　136
ラプラス方程式（Laplace equation）　92
ランキン渦（Rankine vortex）　61
ランキン-ユゴニオの関係式（Rankine-Hugoniot
　relation）　139
乱流（turbulent flow）　37

理想流体（ideal fluid）　5, 78
流管（stream tube）　11

流跡線（path line）　11
流線（streamline）　11
流束（flux）　53, 126
流体（fluid）　1
　　——機械（fluid machinery）　61
　　——力学（fluid dynamics, fluid mechanics）　1
　　——粒子（fluid particle）　1
流脈線（streak line）　11
理論揚程（Euler head）　65
臨界レイノルズ数（critical Reynolds number）
　70, 72

レイノルズ応力（Reynolds stress）　122
レイノルズ数（Reynolds number）　26, 33, 72, 110
レイノルズ平均（Reynolds average）　121
レイリー問題（Rayleigh problem）　112
連続体力学（continuum mechanics）　1
連続の式（equation of continuity）　13, 78, 79

編者略歴

冨山明男
（とみ やま あき お）

1958 年　茨城県に生まれる
1984 年　東京工業大学大学院総合理工学研究科博士前期課程修了
1990 年　工学博士（東京工業大学）
現　在　神戸大学大学院工学研究科教授
　　　　工学博士

機械工学基礎課程
流 体 力 学　　　　　　　　　　　定価はカバーに表示

2020 年 4 月 5 日　初版第 1 刷
2022 年 9 月 20 日　　　 第 3 刷

編　者　冨　山　明　男

発行者　朝　倉　誠　造

発行所　株式会社　朝　倉　書　店

東京都新宿区新小川町6-29
郵 便 番 号　162-8707
電　話　03(3260)0141
FAX　03(3260)0180
https://www.asakura.co.jp

〈検印省略〉

新日本印刷・渡辺製本

© 2020 〈無断複写・転載を禁ず〉

ISBN 978-4-254-23795-5　C 3353　　　　　Printed in Japan

前横国大 栗田　進・前横国大 小野　隆著
基礎からわかる物理学1

力　　　　　学

13751-4　C3342　　　　　　A 5 判 208頁 本体3200円

理学・工学を学ぶ学生に必須な力学を基礎から丁寧に解説。〔内容〕質点の運動／運動の法則／力と運動／仕事とエネルギー／回転運動と角運動量／万有引力と惑星／2質点系の運動／質点系の力学／剛体の力学／弾性体の力学／流体の力学／波動

前姫路工大 岸野正剛著
納得しながら学べる物理シリーズ2

納得しながら 基　礎　力　学

13642-5　C3342　　　　　　A 5 判 192頁 本体2700円

物理学の基礎となる力学を丁寧に解説。〔内容〕古典物理学の誕生と力学の基礎／ベクトルの物理／等速運動と等加速度運動／運動量と力積および摩擦力／円運動，単振動，天体の運動／エネルギーとエネルギー保存の法則／剛体および流体の力学

前東工大 日野幹雄著

流　体　　力　学

20066-9　C3050　　　　　　A 5 判 496頁 本体7900円

魅力的な図や写真も多用し流体力学の物理的意味を十分会得できるよう懇切ていねいに解説，流体力学の基本図書として高い評価を獲得(土木学会出版賞受賞)している。〔内容〕I.完全流体の力学／II.粘性流体の力学／III.乱流および乱流拡散

前筑波大 松井剛一・前北大 井口　学・
千葉大 武居昌宏著

熱　流　体　工　学　の　基　礎

23121-2　C3053　　　　　　A 5 判 216頁 本体3600円

熱力学と流体力学は密接な関係にありながら統一的視点で記述された本が少ない。本書は両者の橋渡し・融合を目指した基本中の基本を平易解説。〔内容〕流体の特性／管路設計の基礎／物体に働く流体力／熱力学の基礎／気液二相流／計測技術

金沢工大 佐藤恵一・金沢大 木村繁男・前金沢大 上野久儀・
金沢工大 増山　豊著

流　れ　　　　学

23107-6　C3053　　　　　　B 5 判 216頁 本体3800円

豊富な図・例題・演習問題(解答付き)で"本当の理解"を目指す基本テキスト。〔内容〕流体の性質と流れ現象／静止流体の特性／流れの基礎式／ベルヌーイの定理と連続の式／運動量の法則／粘性流体の流れ／管内流れ／物体に働く力／開水路

東洋大 望月　修著

図解 流　体　工　学

23098-7　C3053　　　　　　A 5 判 168頁 本体3200円

現実の工学および生活における身近な流れに興味を抱くことが流体工学を学ぶ出発点である。本書は実に魅力的な多数のイラストを挿入した新タイプの教科書・自習書。また，本書に一貫した大テーマは流体中を運動する物体の抵抗低減である。

前神戸大 蔦原道久・大工大 杉山司郎・大工大 山本正明・
前大阪府大 木田輝彦著
機械工学入門シリーズ3

流　体　の　力　学

23743-6　C3353　　　　　　A 5 判 216頁 本体3400円

基礎からやさしく，わかりやすく解説した大学学部学生，高専生のための教科書。〔内容〕流れの基礎／完全流体の流れ／粘性流れ／管摩擦および管路内の流れ／付録：微分法と偏微分法／ベクトル解析／空気と水の諸量／他

九大 古川明徳・佐賀大 瀬戸口俊明・長崎大 林秀千人著
基礎機械工学シリーズ4

流　れ　の　力　学

23704-7　C3353　　　　　　A 5 判 180頁 本体3200円

演習問題やティータイムを豊富に挿入し，またオリジナルの図を多用してやさしく，わかりやすく解説。セメスター制に対応した新時代のコンパクトな教科書。〔内容〕流体の挙動／完全流体力学／粘性流体力学／圧縮性流体力学／数値流体力学

九大 古川明徳・佐賀大 金子賢二・長崎大 林秀千人著
基礎機械工学シリーズ7

流　れ　の　工　学

23707-8　C3353　　　　　　A 5 判 160頁 本体3400円

演習問題やティータイムを豊富に挿入し，本シリーズ4巻と対をなしてわかりやすく解説したセメスター制対応の教科書。〔内容〕流体の概念と性質／流体の静力学／流れの力学／次元解析／管内流れと損失／ターボ機械内の流れ／流体計測

早大 内藤　健編著

最新・未来のエンジン
―自動車・航空宇宙から究極リアクターまで―

23147-2　C3053　　　　　　A 5 判 196頁 本体3400円

多様な分野，方向性で性能向上が進められるエンジンについて，今後実用化の可能性があるものまでを基礎からわかりやすく解説。対象は学部生から一般の読者まで。〔内容〕ガソリンエンジン／デトネーションエンジン／究極エンジン／他

前東工大 日野幹雄著

乱 流 の 科 学
―構造と制御―

20161-1 C3050　　　　　A 5 判 1152頁 本体26000円

乱流の作用は運動量・物質・熱などの拡散，混合とエネルギーの消散である。乱流なくして我々は呼吸もできない。乱流状態がいかにして発生し作用するか，その基礎的メカニズムを詳細にかつできるだけ数式を使わずに解説した珠玉の解説書。

前東工大 清水忠雄監訳
元産総研 大苗 敦・産総研 清水祐公子訳

物理学をつくった重要な実験はいかに報告されたか
―ガリレオからアインシュタインまで―

10280-2 C3040　　　　　A 5 判 416頁 本体6500円

物理学史に残る偉大な実験はいかに「報告」されたか。17世紀ガリレオから20世紀前半まで，24人の物理学者による歴史的実験の第一報を抄録・解説。新発見の驚きと熱気が伝わる物理実験史。クーロン，ファラデー，ミリカン，他

元東大 笠木伸英総編集　諏訪理科大 河村 洋・
元名工大 長野靖尚・東工大 宮内敏雄編

乱 流 工 学 ハ ン ド ブ ッ ク

23122-9 C3053　　　　　B 5 判 628頁 本体27000円

乱流現象は産業界や自然界における様々な場面に現れ，人間の生活と深い関係を有している。乱流の基礎から応用技術分野における知識を体系的にまとめた我が国初のハンドブック。工学的な応用を重視。人体から機械・建築・土木・地球まで。〔内容〕I 基礎：分類，記述法・解析法，数値計算法，計測法，可視化，安定性と乱流遷移，他／II予測：相関式・経験式，モデル化／III応用・制御：流体力・伝熱・混合・分離・化学反応・燃焼・音，体積力，混相乱流，工学分野での応用／他

日本実験力学会編

実 験 力 学 ハ ン ド ブ ッ ク

20130-7 C3050　　　　　B 5 判 660頁 本体28000円

工学の分野では，各種力学系を中心に，コンピュータの進歩に合わせたシミュレーションの前提となる基礎的体系的理解が必要とされている。本書は各分野での実験力学の方法を述べた集大成。〔内容〕〈基礎編〉固体／流体／混相流体／熱／振動波動／衝撃／電磁波／信号処理／画像処理／電気回路／他，〈計測法編〉変位測定／ひずみ測定／応力測定／速度測定／他，〈応用編〉高温材料／環境／原子力／土木建築／ロボット／医用工学／船舶／宇宙／資源／エネルギー／他

日本風工学会編

風 工 学 ハ ン ド ブ ッ ク
―構造・防災・環境・エネルギー―

26014-4 C3051　　　　　B 5 判 440頁 本体19000円

建築物や土木構造物の耐風安全性や強風災害から，日常的な風によるビル風の問題，給排気，換気，汚染物拡散，風力エネルギー，さらにはスポーツにおける風の影響まで，風にまつわる様々な問題について総合的かつ体系的に解説した。強風による災害の資料も掲載。〔内容〕自然風の構造／構造物周りの流れ／構造物に作用する風圧力／風による構造物の挙動／構造物の耐風設計／強風災害／風環境／風力エネルギー／実測／風洞実験／数値解析

日本物理学会編

物 理 デ ー タ 事 典

13088-1 C3542　　　　　B 5 判 600頁 本体25000円

物理の全領域を網羅したコンパクトで使いやすいデータ集。応用も重視し実験・測定の必携書。〔内容〕単位・定数・標準／素粒子・宇宙線・宇宙論／原子核・原子・放射線／分子／古典物性（力学量，熱物性量，電磁気・光，燃焼，水，低温の窒素・酸素，高分子，液晶）／量子物性（結晶・格子，電荷と電子，超伝導，磁性，光，ヘリウム）／生物物理／地球物理・天文・プラズマ（地球と太陽系，元素組成，恒星，銀河と銀河団，プラズマ）／デバイス・機器（加速器，測定器，実験技術，光源）／他

◆ 機械工学基礎課程 ◆

"ひとつ上"を目指す学生に必須のテキストシリーズ

広島大 佐伯正美著
機械工学基礎課程

制　御　工　学

—古典制御からロバスト制御へ—

23791-7 C3353　　　　A 5 判 208頁 本体3000円

古典制御中心の教科書。ラプラス変換の基礎から
ロバスト制御まで。〔内容〕古典制御の基礎／フィー
ドバック制御系の基本的性質／伝達関数に基づ
く制御系設計法／周波数応答の導入／周波数応答
による解析法／他

中井善一編著　三村耕司・阪上隆英・多田直哉・
岩本　剛・田中　拓著
機械工学基礎課程

材　料　力　学

23792-4 C3353　　　　A 5 判 208頁 本体3000円

機械工学初学者のためのテキスト。〔内容〕応力と
ひずみ／軸力／ねじり／曲げ／はり／曲げによる
たわみ／多軸応力と応力集中／エネルギー法／座
屈／軸対称問題／骨組み構造（トラスとラーメン）
／完全弾性体／Maximaの使い方

神戸大 中井善一・摂南大 久保司郎著
機械工学基礎課程

破　壊　力　学

23793-1 C3353　　　　A 5 判 196頁 本体3400円

破壊力学をわかりやすく解説する教科書。〔内容〕
き裂の弾性解析／線形破壊力学／弾塑性破壊力学
／破壊力学パラメータの数値解析／破壊靱性／疲
労き裂伝ば／クリープ・高温疲労き裂伝ば／応力
腐食割れ・腐食疲労き裂伝ば／実験法

広島大 松村幸彦・広島大 遠藤琢磨編著
機械工学基礎課程

熱　　力　　学

23794-8 C3353　　　　A 5 判 224頁 本体3000円

機械系向け教科書。〔内容〕熱力学の基礎と気体サ
イクル（熱力学第1，第2法則，エントロピー，関係
式など）／多成分系，相変化，化学反応への展開（開
放系，自発的状態変化，理想気体，相・相平衡な
ど）／エントロピーの統計的扱い

東洋大 窪田佳寛・東洋大 吉野　隆・東洋大 望月　修著

きづく！つながる！機械工学

23145-8 C3053　　　　A 5 判 164頁 本体2500円

機械工学の教科書。情報科学・計測工学・最適化
も含み，広く学べる。〔内容〕運動／エネルギー・
仕事／熱／風と水流／物体周りの流れ／微小世界
での運動／流れの力を制御／ネットワーク／情報
の活用／構造体の強さ／工場の流れ，等

前京都大 小森　悟著

流れのすじが よくわかる 流　体　力　学

23143-4 C3053　　　　A 5 判 240頁 本体3600円

機械工学，化学工学をはじめとする多くの分野の
基礎的学問である流体力学の基礎知識を体系立て
て学ぶ。まず流体の運動を決定するための基礎方
程式を導出し，次にその基礎方程式を基にして流
体の種々の運動について解説を進める。

お茶女大 河村哲也著

流　体　解　析　の　基　礎

13111-6 C3042　　　　A 5 判 272頁 本体4200円

流体の数値解析の基本的部分の解説を丁寧に行
い，数値流体力学の導入を行うとともに，基礎的
なプログラムを通して実践的な理解が得られる教
科書〔内容〕常微分方程式の差分解法／線形偏微分
方程式の差分解法／熱と乱流の取扱い／他

海洋大 刑部真弘著

エンジニアの流　体　力　学

20145-1 C3050　　　　A 5 判 176頁 本体2900円

流れを利用して動く動力機械を設計・開発するエ
ンジニアに必要となる流体力学的センスを磨くた
めの工学部学生・高専学生のための教科書。わか
りやすく大きな図を多用し必要最小限のトピック
スを精選。付録として熱力学の基本も掲載した。

戸田盛和著
物理学30講シリーズ 2

流　体　力　学　30　講

13632-6 C3342　　　　A 5 判 216頁 本体3800円

多くの親しみやすい話題と有名なパラドックスに
富む流体力学を縮まない完全流体から粘性流体に
至るまで解説。〔内容〕球形渦／渦糸／渦列／粘性
流体の運動方程式／ポアズイユの流れ／ストーク
スの抵抗／ずりの流れ／境界層／他

上記価格（税別）は 2022 年 8 月現在